今すぐ使えるかんたん

改訂新版

Microsoft Teams

マイクロソフト チームズ

MS365 Business Standard / MS365 Business Basic / Essentials 対応

リンクアップ 著

Imasugu Tsukaeru Kantan Series
Microsoft Teams
MS365 Business Standard / MS365 Business Basic / Essentials
LinkUP

技術評論社

本書の使い方

- 画面の手順解説だけを読めば、操作できるようになる！
- もっと詳しく知りたい人は、左側の「側注」を読んで納得！
- これだけは覚えておきたい機能を厳選して紹介！

特長 1
機能ごとにまとまっているので、「やりたいこと」がすぐに見つかる！

特長 2
基本操作
赤い矢印の部分だけを読んで、パソコンを操作すれば、難しいことはわからなくても、あっという間に操作できる！

Section 07 デスクトップ版をインストールする

Teamsには、デスクトップ版とブラウザー版があります。機能やサービスを最大限に活用するためには、デスクトップ版の利用がおすすめです。ここでは、デスクトップ版のインストール手順を解説します。

1 Windowsでインストールする

ヒント
エクスプローラーからインストールする

公式サイトからTeamsアプリをダウンロードしたあと、エクスプローラーからもインストール操作を行えます。エクスプローラーの[ダウンロード]をクリックし、[MSTeamsSetup]をダブルクリックすると、インストーラーが起動し、インストールが開始されます。

1 WebブラウザーでTeamsの公式サイト（「https://www.microsoft.com/ja-jp/microsoft-teams/group-chat-software」）にアクセスし、[Teamsをダウンロード]をクリックします。

2 [Windows用のMicrosoft Teamsをダウンロードする]をクリックし、

補足
モバイルアプリの入手

手順2の画面に表示されているQRコードをスマートフォンやタブレットなどの「カメラ」アプリで読み込むと、モバイルアプリのダウンロードページに移動します。iOS版は「App Store」アプリ、Android版は「Playストア」アプリからインストールできます（Sec.75参照）。

3 ダウンロードが完了したら、[ファイルを開く]をクリックします。

4 デスクトップ版がインストールされて、自動的に起動し、「Teamsへようこそ」画面が表示されます。「アカウントを選択して続行する」に任意のアカウントが表示されていない場合は、[別のアカウントを作成または追加]をクリックします。

特長3
やわらかい上質な紙を使っているので、開いたら閉じにくい！

● 補足説明
操作の補足的な内容を「側注」にまとめているので、よくわからないときに活用すると、疑問が解決！

本書の使い方

補足説明　便利な機能　用語の解説　応用操作解説

タッチ操作　補足説明　注意事項　時短

ブラウザー版の利用

ブラウザー版Teamsを利用するには、Webブラウザーで「https://teams.microsoft.com」にアクセスし、有効なアカウント（P.16参照）でサインインします。現在サポートされているブラウザーは「Microsoft Edge」、「Google Chrome」、「Firefox」、「Safari」です。デスクトップ版とブラウザー版の違いについて詳しくは、Sec.08の側注を参照してください。なお、モバイル端末ではブラウザー版Teamsが利用できません。モバイルアプリをインストールして、利用を開始します（Sec.74参照）。

ヒント

基本画面

手順11の操作を行うと、ワークスペース画面などが表示されます。基本画面の構成や機能は、Sec.08を参照してください。

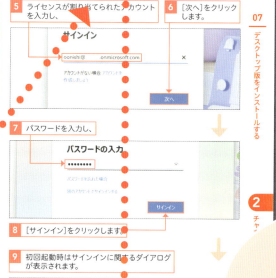

特長4
大きな操作画面で該当箇所を囲んでいるのでよくわかる！

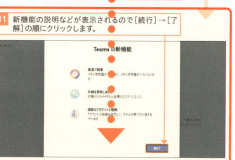

目次

第1章 Microsoft Teams の概要

Section 01　Teamsでできること ……… 14
　Teamsとは
　アプリケーションやサービスとの連携

Section 02　利用に必要なアカウントとデバイス ……… 16
　Teamsのアカウント
　対応しているデバイスとアプリ
　Teamsの利用を補助するデバイス

Section 03　Teamsの種類 ……… 18
　一般法人向けTeams
　家庭向けTeams
　教育機関向けTeams

Section 04　一般法人向けTeamsのプラン ……… 20
　Teamsのプラン

Section 05　「組織」、「チーム」、「チャネル」とは ……… 22
　「組織」とは
　「チーム」と「チャネル」

Section 06　「所有者」、「メンバー」、「ゲスト」とは ……… 24
　「チーム」参加者の種類とできること

第2章 チャネルに参加する

Section 07　デスクトップ版をインストールする ……… 26
　Windowsでインストールする

Section 08　Teamsの基本画面を確認する ……… 28
　Teamsの画面構成
　メニューバーの各画面構成

Section 09　プロフィールを確認する ……… 31
　プロフィールを表示する
　プロフィールアイコンを変更する

Section 10　**チャネルを作成する**　34
　　チャネルの種類
　　標準チャネルを作成する

Section 11　**プライベートチャネルを作成する**　36
　　プライベートチャネルを作成する

Section 12　**チャネルに参加する**　38
　　チャネルに参加する
　　チャネルをチームリストに表示する

Section 13　**メッセージを投稿する／返信する**　40
　　ワークスペースの画面構成
　　メッセージを投稿する
　　メッセージに返信する

Section 14　**通知の設定を行う**　43
　　Teamsの通知方法
　　通知を変更する
　　特定のチャネルの通知を変更する

Section 15　**特定のメンバーにメッセージを投稿する**　46
　　メンションを設定する

Section 16　**ステータスを設定する**　48
　　ステータスの種類
　　ステータスを変更する

Section 17　**リストのチャネルをピン留めする／並べ替える**　50
　　チャネルをピン留めする
　　チャネルを並べ替える

Section 18　**チャネルを削除する**　52
　　チャネルを削除する

第3章　チャネルでメッセージをやり取りする

Section 19　**メッセージに書式を設定する**　54
　　書式を設定する

Section 20　**メッセージにファイルを添付する**　56
　　ファイルを添付する
　　ファイルを保存する

Section 21　**メッセージを検索する** ……………………………………………… 58
　　　　　　メッセージを検索する

Section 22　**アナウンスを送信する** ……………………………………………… 60
　　　　　　アナウンスでメッセージを送信する

Section 23　**特定のメンバーとチャットする** …………………………………… 62
　　　　　　チャットの特徴
　　　　　　1対1のチャットでやり取りする
　　　　　　グループのチャットでやり取りする

Section 24　**チャットをポップアップ画面で表示する** ………………………… 66
　　　　　　ポップアップ画面で表示する

Section 25　**投稿済みのメッセージを編集する** ………………………………… 68
　　　　　　メッセージを編集する

Section 26　**Web通話を行う** ……………………………………………………… 69
　　　　　　チャットから通話を行う

第4章　Teams会議に参加する

Section 27　**Teams会議でできること** …………………………………………… 72
　　　　　　Teams会議の機能

Section 28　**Teams会議の基本画面を確認する** ………………………………… 73
　　　　　　Teams会議の画面構成

Section 29　**Teams会議に参加する** ……………………………………………… 74
　　　　　　カレンダーから参加する

Section 30　**自分の背景をぼかす／変更する** …………………………………… 76
　　　　　　会議前に背景を設定する
　　　　　　会議中に背景を設定する

Section 31　**カメラやマイクのオン／オフを切り替える** ……………………… 78
　　　　　　カメラのオン／オフを切り替える
　　　　　　マイクのオン／オフを切り替える

Section 32　**Teams会議画面の表示を切り替える** ……………………………… 80
　　　　　　全画面で表示する
　　　　　　ポップアップ画面で表示する

| Section 33 | 特定のメンバーを大きく表示する | 82 |

スポットライトで特定のメンバーを大きく表示する
ピン留めで特定のメンバーを大きく表示する

| Section 34 | Teams会議中にメッセージをやり取りする | 84 |

会議中にメッセージを投稿する

| Section 35 | パソコンの画面を共有する | 86 |

パソコンの画面を共有する

| Section 36 | ホワイトボードを利用する | 88 |

ホワイトボードを利用する

| Section 37 | PowerPoint Liveでプレゼンテーションする | 90 |

PowerPoint Liveで発表する

| Section 38 | アイコンを利用して意思表示をする | 92 |

会議中に手を挙げる

第5章 チームを管理する

| Section 39 | チームを作成する | 94 |

チームを作成する

| Section 40 | チームの名前や種類を変更する | 96 |

チーム名を変更する
チームの種類を変更する

| Section 41 | チームのメンバーを追加する／削除する | 98 |

メンバーを追加する／削除する

| Section 42 | チームのメンバーの役割を変更する | 100 |

メンバーの役割を変更する

| Section 43 | チームのメンバーのアクセス許可を設定する | 102 |

メンバーの操作を不許可にする

| Section 44 | 「組織」外のメンバーをゲストとしてチームに招待する | 104 |

ゲストを招待する

| Section 45 | 「組織」外のチームにゲストとして参加する | 106 |

ゲストとして参加する

| Section 46 | メンバーの投稿を制限する | 108 |

モデレーションをオンにする
モデレーターを追加する

| Section 47 | チームをアーカイブする | 110 |

チームをアーカイブする

| Section 48 | Teamsのキャッシュをクリアする | 111 |

キャッシュクリア（1）アプリをリセットする
キャッシュクリア（2）ファイルを削除する

第6章 Teams会議を開催する

| Section 49 | Teams会議を予約する | 116 |

Teams会議を予約する

| Section 50 | Teams会議をすぐに開催する | 118 |

今すぐ会議を開く

| Section 51 | 「組織」外の人をTeams会議に招待する | 120 |

招待メールを送信する
招待メールから参加する

| Section 52 | OutlookからTeams会議を予約する | 122 |

OutlookからTeams会議を予約する

| Section 53 | 参加者の出欠状況を確認する | 124 |

出席者リストをダウンロードする

| Section 54 | 参加者のマイクをミュートに切り替える | 126 |

全員のメンバーのマイクをミュートにする
特定のメンバーのマイクをミュートにする

| Section 55 | Teams会議を録画する | 128 |

録画を開始する
録画を停止する

| Section 56 | 録画したTeams会議を視聴する | 130 |

録画したTeams会議を再生する
録画したTeams会議をダウンロードする

| Section 57 | 会議中の発言を字幕で表示する | 132 |

ライブキャプションを表示する

トランスクリプトを開始する

Section 58 **Teams会議の議事録を作成する** 134
会議ノートを設定する
会議ノートを作成する

Section 59 **参加者の役割を変更する** 136
会議の役割を変更する

Section 60 **Teams会議を終了する** 138
Teams会議を終了する

第7章 ファイルの共有と共同作業

Section 61 **ファイルを共有する** 140
ファイルをアップロードする

Section 62 **共有ファイルをダウンロードする** 142
ファイルをダウンロードする

Section 63 **共有ファイルのリンクを送る** 144
ファイルのリンクを送信する

Section 64 **Teamsを利用していない人とファイルを共有する** 146
Teamsを利用していない人とファイルを共有する

Section 65 **共有ファイルを削除する** 148
ファイルを削除する
削除したファイルを復元する

Section 66 **Officeファイルを共同編集する** 150
共有ファイルを編集する
よく使うファイルをチャネルのタブに追加する
「ファイル」タブからファイルを選択して編集する
ファイルをダウンロードする

Section 67 **SharePointを利用する** 154
SharePointとは
SharePointから「組織」外のメンバーに共有する

Section 68 **Edgeのタブを追加してWebページを見る** 158
「Website」タブを追加する
Teams利用中にWebページを表示する

Section 69　Googleカレンダーと連携する ……………………………………… 160
　　　　　　Googleカレンダーに Teams アドオンをインストールする
　　　　　　Googleカレンダーから Teams 会議を予約する

Section 70　連絡先を共有する ……………………………………………………… 162
　　　　　　チャットで連絡先を共有する

Section 71　Teamsとほかのアプリを連携する ………………………………… 163
　　　　　　Teamsのアプリ連携
　　　　　　OneNoteと連携する
　　　　　　Zoomと連携する

Section 72　Plannerと連携する …………………………………………………… 166
　　　　　　Plannerでタスクを共有する

Section 73　ほかのクラウドストレージサービスと連携する ………………… 168
　　　　　　外部クラウドストレージサービスと連携する

第8章　スマホやタブレットで利用する

Section 74　モバイルアプリを利用する ………………………………………… 170
　　　　　　モバイルアプリの特徴
　　　　　　モバイルアプリの利用を始める

Section 75　モバイルアプリをインストールする ……………………………… 172
　　　　　　iPhoneにアプリをインストールする
　　　　　　Androidにアプリをインストールする

Section 76　モバイルアプリの基本画面を確認する …………………………… 174
　　　　　　Teamsの画面構成

Section 77　通知の設定を行う ……………………………………………………… 176
　　　　　　デスクトップ版を起動していない場合のみ通知を受け取る
　　　　　　通知項目を変更する

Section 78　ステータスを設定する ………………………………………………… 178
　　　　　　ステータスを変更する
　　　　　　ステータスメッセージを設定する

Section 79　メッセージを投稿する ………………………………………………… 180
　　　　　　メッセージを投稿する

Section 80 **ファイルを閲覧する** ……………………………………………………………………… 182
  ファイルを閲覧する
  「ファイル」タブからファイルを閲覧する

Section 81 **チャットから通話を開始する** ……………………………………………………… 184
  個別のチャットから音声通話を発信する
  グループチャットからビデオ通話を発信する

Section 82 **Teams会議に参加する** …………………………………………………………… 186
  Teams会議に参加する
  Teams会議の画面構成
  会議前に背景を設定する
  会議中に背景を設定する

  索引 …………………………………………………………………………………………… 190

■ ご注意：ご購入・ご利用の前に必ずお読みください

● 本書に記載された内容は、情報提供のみを目的としています。したがって、本書を用いた運用は、必ずお客様自身の責任と判断によって行ってください。これらの情報の運用の結果について、技術評論社および著者はいかなる責任も負いません。

● ソフトウェアに関する記述は、特に断りのないかぎり、2025年1月現在の最新情報をもとにしています。これらの情報は更新される場合があり、本書の説明とは機能内容や画面図などが異なってしまうことがあり得ます。あらかじめご了承ください。

● 本書の内容については以下の構成で動作確認を行っています。ご利用のOSおよびPCパーツによっては手順や画面が異なることがあります。あらかじめご了承ください。
　　パソコンのOS：Windows 11
　　Webブラウザー：Microsoft Edge／Google Chrome
　　iOS端末：iOS 18.2
　　Android端末：Android 15

● インターネットの情報については、URLや画面などが変更されている可能性があります。ご注意ください。

以上の注意事項をご承諾いただいた上で、本書をご利用願います。これらの注意事項をお読みいただかずに、お問い合わせいただいても、技術評論社および著者は対処しかねます。あらかじめご承知おきください。

■ 本書に掲載した会社名、プログラム名、システム名などは、米国およびその他の国における登録商標または商標です。本文中では™、®マークは明記していません。

第1章

Microsoft Teamsの概要

Section 01　Teamsでできること
Section 02　利用に必要なアカウントとデバイス
Section 03　Teamsの種類
Section 04　一般法人向けTeamsのプラン
Section 05　「組織」、「チーム」、「チャネル」とは
Section 06　「所有者」、「メンバー」、「ゲスト」とは

Section 01 Teamsでできること

ここで学ぶこと
- Teams
- Microsoft 365
- アプリ連携

Teamsでは、Web通話やチャットなどのコミュニケーション機能が充実しています。また、Microsoft 365をはじめとしたほかのアプリケーションや外部サービスとの連携により、情報の共有や共同作業を円滑に行うことができます。

1 Teamsとは

補足

メールとチャットの違い

チャットツールは、メールのような文字によるやり取りを基本とするツールです。メールとの違いとしては、形式的な慣用句を省いたフランクな会話が主流である点や、メッセージの既読を確認できる機能がある点などが挙げられます。会話形式に近いため、よりリアルタイムなコミュニケーションが可能で、対個人やグループでの意思疎通もかんたんに行うことができます。緊急時にも発信とレスポンスを即時に行うことができます。

「Teams（チームズ）」とは、マイクロソフトが提供するコラボレーションワークツールです。2020年以降、新型コロナウイルスの感染予防対策として、数多くの企業でリモートワークの導入が進みました。今では会社のオフィスに限らず、自宅やコワーキングスペース、レンタルオフィス、カフェなど場所を選ばず仕事できる環境が整いつつあります。Teamsでは、そのようなリモートワーク下において、業務を円滑に進めるために必要なコミュニケーションサービスが1つにまとめられています。

たとえば、Web通話やチャットといったコミュニケーション機能をはじめ、「チーム」や「チャネル」といったグループ管理機能、ファイルやタスクの共有機能などをTeamsでは利用できます。また、マイクロソフトのアプリのため、WordやExcel、PowerPointなどのOfficeアプリやOutlook、OneNoteとの連携もかんたんに行えます。Teamsは、Officeアプリに含まれていますが、Word、Excel、PowerPointのようにドキュメントをファイルで作成するアプリではありません。Teamsはクラウドサーバーサービスのクライアントアプリといえます。

② アプリケーションやサービスとの連携

Teamsは、単体で利用しても便利ですが、ほかのアプリケーションや外部サービスなどと連携することでさらに魅力的なツールとして利用できます。2024年12月現在、連携できるアプリケーションは1,200点以上あるので、すでに利用しているアプリケーションや外部サービスなどがあれば、連携することでよりスムーズに業務を進行できます。

> **ヒント**
>
> **Microsoft 365の導入**
>
> Teamsは、Microsoft 365を導入していれば無料で利用することができます。なお、利用できる機能はMicrosoft 365のプランによって異なります（Sec.04参照）。
> 永続的に利用できるOffice2024パッケージ（Office Home & Business2024／Office Home2024）に、Teamsは含まれていません。

▶ Officeアプリのサブスクリプションサービス「Microsoft 365」

Teamsは、OfficeアプリケーションをはじめとしてMicrosoft 365との高い親和性を持っています。WordやExcel、PowerPointなどとの連携はもちろん、以下のようなアプリケーションとの連携を活用することで、コミュニケーションツールの枠を超えてさまざまなことをシームレスに行えます。

アプリ・機能	可能にすること
Outlook	予定表の機能にアクセス
SharePoint	ワークフローのすばやいチェック
Planner	チーム全体の包括的なタスク管理
OneNote	資料やアイディアの共有
Forms	アンケート結果をリアルタイムに確認・共有

> **補足**
>
> **外部アプリケーションやサービスとの連携**
>
> Officeアプリ以外にも、Web会議アプリケーションの「Zoom」や、業務効率化アプリケーション「Slack」、クラウドストレージサービスの「Dropbox」などとも連携できます。

Section 02 利用に必要なアカウントとデバイス

ここで学ぶこと
- Microsoft 365 アカウント
- 対応デバイス
- 補助デバイス

Teamsの利用には、Microsoft 365アカウントが必要です。すでにMicrosoft 365を利用している場合は、そのアカウントで利用できます。スマートフォンやタブレットからも利用でき、環境に合わせて補助デバイスを導入することもおすすめです。

1 Teamsのアカウント

アカウントの種類

個人でマイクロソフトの製品やサービスを利用する際には、Microsoftアカウントを自分で取得する必要があります。一方、Microsoft 365の法人や教育機関向けプランの場合は、プランに加入すると発行されるMicrosoft 365アカウントを使います。

Teamsの利用には、基本的にMicrosoft 365アカウントが必要です。一般法人向けTeams（Sec.03参照）では、マイクロソフトが提供するOfficeアプリやクラウドが利用できる有料サービス「Microsoft 365」の「Microsoft 365 Business Basic」、「Microsoft 365 Business Standard」それぞれのプランに加入することで、1ライセンスごとにMicrosoftアカウントが発行されます。Teamsを利用する際には、このMicrosoft 365アカウントでサインインします。

また、Microsoft 365のサービスに加入せずとも、Teamsを単体で利用できる「Microsoft Teams Essentials」（Sec.04参照）という有料プランもあります。

② 対応しているデバイスとアプリ

スマートフォンでの利用

スマートフォンでは、ブラウザー版を利用できません。モバイルアプリをインストールする必要があります（Sec.75参照）。

Teamsには、パソコンでデスクトップアプリから利用する「デスクトップ版」、Webブラウザーで利用できる「ブラウザー版」、スマートフォンやタブレットで利用できる「モバイル版」があります。デスクトップ版とブラウザー版は、Windowsパソコンのほかにも、MacやLinuxを搭載したパソコンにも対応しています。
なお、ブラウザー版は「Microsoft Edge」、「Google Chrome」、「Firefox」、「Safari」などで利用可能ですが、一部機能が制限されることもあります。モバイル版は、AndroidスマートフォンとiPhoneの両方に対応しています。なお、本書ではWindows 11のデスクトップ版の画面で解説しています。

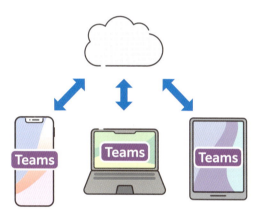

**デスクトップ版では
アカウントの切り替えができる**

デスクトップ版Teamsでは、「組織」が異なる複数のMicrosoft 365アカウントを所持している場合、画面右上のアイコンから「組織」のアカウントを切り替えることができます。

③ Teamsの利用を補助するデバイス

デバイスの確認

Teamsにサインイン後、… をクリックし、［設定］→［デバイス］の順にクリックすると、利用しているデバイスを確認できます。また、テスト通話を行うこともできます。

Teamsで音声通話やビデオ通話したり、Teams会議に参加したりする場合は、以下のような補助デバイスを導入することで、より快適に利用できるようになります。ヘッドセットやイヤフォンなどを使用すれば作業と並行しての通話ができるようになったり、Webカメラを設置することでリモートワークや離れている場所の相手であっても対面での会話を実現できたりします。

デバイス	概要
ヘッドセット	相手の声が聞き取りやすくなり、自分の声も相手に伝わりやすくなります。
Bluetoothイヤフォン	マイク機能搭載のものもあり、Web通話やTeams会議でハウリングなく会話できます。
スピーカーフォン	スピーカーとマイクが1つになった機器で、ほかの作業をしながら通話ができます。
Webカメラ	設置場所や角度を変えることによって、画角や画質調整できます。

Section 03 Teamsの種類

ここで学ぶこと
・一般法人向け
・家庭向け
・教育機関向け

Teamsには、大きく分けて、一般法人向けTeams、家庭向けTeams、教育機関向けTeamsの3種類があります。ここでは、各種類ごとに利用できるプランやサービスなどについて解説します。

① 一般法人向けTeams

大企業向けTeams

大企業向けに用意されているMicrosoft 365が「Microsoft 365 Business Premium」です。ほかのOfficeアプリと同様にTeamsが含まれています。また大企業向けのTeams単体プランとして、「Microsoft Teams Enterprise」も用意されています。

Teamsが含まれないMicrosoft 365

「Microsoft 365 Apps for business」には、Teamsは含まれていません。

同じアカウントで ほかのTeamsには参加できない

Teamsの組織に参加するには、そのTeamsで発行されたMicrosoft 365アカウントが必要になります。同じアカウントを利用して、そのほかのTeams（組織）に通常メンバーとして参加することはできません。

一般法人（中小企業）向けTeamsには、「Microsoft 365版Teams」と「Essentials版Teams」の2種類があります。
Microsoft 365版Teamsは、マイクロソフトが提供する「Microsoft 365 Business Basic」や「Microsoft 365 Business Standard」プランに含まれるTeamsです。プランに加入しているユーザーは、ほかのOfficeアプリと同様にTeamsを利用することができます。業務で活用できるTeams会議やチャット、ファイル共有、チームの管理などTeamsのメイン機能をすべて利用できます。
Essentials版Teamsは、小規模企業向けのTeams単体プラン「Microsoft Teams Essentials」（Sec.04参照）に加入することで利用できるTeamsです。ユーザーの追加は専用の管理センターから行います。

https://www.microsoft.com/ja-jp/microsoft-365/business/compare-all-microsoft-365-business-products

② 家庭向け Teams

家庭向けTeamsには、「無料版Teams」と「Microsoft 365 Personal版Teams」、「Microsoft 365 Family版Teams」の3種類があります。無料版Teamsはグループでのweb通話（音声のみの通話も含む）は最長60分と時間制限がありますが、文字でやり取りするチャットは無制限で利用できます。

また、マイクロソフトが提供するOfficeアプリやクラウドが利用できる個人向け有料サービス「Microsoft 365 Personal」と家庭向け有料サービス「Microsoft 365 Family」にも、Teamsが用意されています。無料版Teamsでできることに加え、グループによるWeb通話（音声のみの通話も含む）が最長30時間までできるようになります。

本書では、無料版Teams、Microsoft 365 Personal版Teams、Microsoft 365 Family版Teamsの解説は行っていません。

https://www.microsoft.com/ja-jp/microsoft-teams/compare-microsoft-teams-home-options

補足

「チャット」アプリ

Windows 11のタスクバーに標準搭載されている「チャット」アプリは、家庭向けTeamsアプリ（「Microsoft Teams」アプリ）でやり取りした直近のチャットやWeb通話の履歴を確認することができます。

③ 教育機関向け Teams

教育機関向けTeamsは「Microsoft Teams for Education」というサービス名で提供されています。教育機関向けクラウドサービス「Office 365 Education」や「Microsoft 365 Education」の一部として利用できます。教職員が「組織」の管理者やチームの所有者の役割を担い、クラス別にチームが作成され、専門的な学習や学生とのコミュニケーションを図ることを目的としています。教育機関向けのサービスとして、「課題の作成や提出」、「オンライン授業」、「授業や課題のスケジュール設定」などさまざまな機能を実装しています。

本書では、Microsoft Teams for Educationの解説は行っていません。

補足

課題機能

教育機関向けTeamsの大きな特徴が課題機能です。教育機関向けTeamsのアカウントでTeamsにサインインすると、メニューバー（Sec.08参照）に「課題」という項目が表示されます。ここから課題の作成を行ったり、自動配布の設定を行ったりできます。また、提出期限の設定や確認した課題の返却などを一元管理できます。

Section 04 一般法人向けTeamsのプラン

ここで学ぶこと
- Business Basic
- Business Standard
- Essentials

Teamsには、用途別に選べるプランがあります。契約しているプランによって、利用できる機能やサービスが異なります。ビジネスでTeamsを利用する場合は、会社や組織の規模、使用目的などに応じて、適切なプランを検討しましょう。

① Teamsのプラン

 解説

Microsoft 365 Copilot

Copilotは、マイクロソフト開発のOpen AIのGPTを用いたチャットボットです。無料版Copilotでは、対話や質疑応答をはじめ、テキストの要約や画像生成などさまざまなことができます。有料版Copilotには個人向けの「Copilot Pro」と法人向けの「Microsoft 365 Copilot」などのプランがあります。有料版CopilotではWordやExcel、PowerPointなど「Microsoft 365」アプリ上でCopilotが利用できます。また、Teamsと連携させることでチャットのメッセージを要約したり、Teams会議の文字起こし機能を活用して議事録や要約を作成したりできます。

https://www.microsoft.com/ja-jp/microsoft-365/copilot

Microsoft 365は、Officeアプリをまとめて利用できるサブスクリプションサービスです。

一般法人（中小企業）向けのMicrosoft 365プランには、「Microsoft 365 Business Basic（以下Basic）」と「Microsoft 365 Business Standard（以下Standard）」の2種類があります。Teamsはどちらにも含まれていて、Word、Excel、PowerPointなどMicrosoft 365のOfficeアプリを利用してメンバーとOfficeファイルの共同編集を行うことができます。なお、StandardはBasicで利用できるすべての内容に加えて、デスクトップ版のOfficeアプリのほか、動画編集ツール「Clipchamp」や、共同作業のためのコラボレーションワークスペースサービス「Microsoft Loop」を利用することができます。

また、Teamsを単体で利用するための「Microsoft Teams Essentials（以下Essentials）」というプランも用意されています。Essentialsでは、Microsoft 365 for the webを利用して、Officeファイルの共同編集を行います。Essentialsでは、Teams会議で利用できる機能に一部制限があります。また、多要素認証やMicrosoft 365サービス全般の管理やサポートには対応していません。

それぞれのプランには、1ヶ月間無料の試用期間が用意されているので、使い始めてみて今後も利用するかどうか検討してもよいでしょう。

https://www.microsoft.com/ja-jp/microsoft-teams/compare-microsoft-teams-business-options

▶ 一般法人向け Teams の比較

	Basic	Standard	Essentials
用途	中小企業向け	中小企業向け	小規模企業向け
1ライセンスあたりの月額料金（税別）※1	899円	1,874円	599円
Teams会議の上限	300人	300人	300人
Teams会議のレコーディングとトランスクリプト	○	○	○
チャットでのファイル共有	1ユーザー 1TB	1ユーザー 1TB	1ユーザー 2GB
ファイルストレージ	組織全体で1TB ＋ライセンスごとに10GB	組織全体で1TB ＋ライセンスごとに10GB	10GB
デスクトップ版Word、Excel、PowerPoint	―	○	―
追加のMicrosoft 365サービス※2	○	○	―
Microsoft 365 Copilotをアドオンとして購入可能	○	○	○
ClipchampとMicrosoft Loopの利用	―	○	―
多要素認証	○	○	―
ユーザーとアプリの管理ツール	○	○	―
「Microsoft 365」アプリの使用状況※3	○	○	―
電話／Webサポート	○	○	○

※1　自動更新による年間契約（2025年1月現在）
※2　SharePoint、Microsoft 365、Microsoft Viva Engage、Microsoft Planner、Microsoft Streamなど
※3　Microsoft 365内のさまざまなサービスの使用状況データの視覚化や分析、カスタムレポートの作成などができる

Section 05 「組織」、「チーム」、「チャネル」とは

ここで学ぶこと
・組織
・チーム
・チャネル

Teamsでは、「組織」、「チーム」、「チャネル」という階層化したカテゴリでユーザーが管理されます。いちばん大きなグループである「組織」の中に「チーム」があり、その中に「チャネル」が存在している構造です。

① 「組織」とは

解説
「組織」の管理者

「組織」の管理者は、Microsoft 365の管理センター（https://admin.teams.microsoft.com/）からユーザーの管理（追加や削除など）やセキュリティに関する設定などを行えます。

Teamsは、3つの階層に分かれていて、大きい順に「組織」、「チーム」、「チャネル」となっています。はじめに「組織」にアカウントが追加されることで、「組織」のユーザーは「チーム」に所属できるようになります。「チーム」に所属すると、「チャネル」を作成したり、参加したりできます。

「組織」は、その組織内でいちばん最初にTeamsを始めたユーザーが作成します。そのユーザーが「組織」の管理者となり、「組織」のユーザー全体を管理します。

▶ 組織・チーム・チャネルの階層

注意
社外の「組織」へはゲスト参加になる

自分の「組織」でなく、アカウントのないほかの「組織」に参加する場合は、ゲストとして参加することになります。

②「チーム」と「チャネル」

「チーム」は、「組織」より1つ下の階層です。組織内で同じ業務を進める部署やプロジェクト、メンバーの集まりといえます。会社を例に挙げると、営業部、開発部、広報部などの部署や、1課、2課、3課のような部署内のグループ、複数の部署にまたがった業務グループ、または組織外のメンバーと取り組む業務などをチームにします。1つの「組織」内にチームは複数作成できます。Teamsの設定やメンバーの管理は、基本的にチーム単位で行います。チームに対して行った設定はその下にあるチャネルにも反映されます。

「チャネル」は、「チーム」のさらに1つ下の階層になります。業務の内容やテーマごとに作成する、専用の少人数グループです。Teamsでの作業は基本的に、チャネル単位で行います。チャネル内のメンバーとメッセージの投稿によって情報をやり取りします。また、Teams会議、タスク共有などもチャネル内で行われます。

なお、チームには1つのチャネルが必ずあります。最初のチームでは「一般」という名称でチャネルが自動作成されていますが、2回目以降、チームを新たに作成するときは、チームの作成者が最初のチャネル名を指定できます。最初のチャネルは一般的なチャネルと呼ばれ、アーカイブや削除することができません。

> **ヒント**
> 「チーム」へ参加するには
>
> 「組織」内で作成された「チーム」であれば、基本的にチームの作成者(所有者)が、メンバーとして「チーム」に追加します。Teamsのチームリストに表示されている「チーム」を見ると、自分がどのチームに参加しているかがわかります。

> **補足**
> 「チャネル」のタブ
>
> 「チャネル」を作成すると、初期設定では「投稿」タブが表示されます。ここに投稿したメッセージは、チャネルにアクセスできるすべてのメンバー(所有者・メンバー・ゲスト)が閲覧できます。ほかには「ファイル」タブも用意されており、使用方法に応じて任意のタブを追加することもできます。

Section 06 「所有者」、「メンバー」、「ゲスト」とは

ここで学ぶこと
・所有者
・メンバー
・ゲスト

「チーム」内のユーザーは「所有者」、「メンバー」、「ゲスト」のいずれかの役割に分類されます。役割によってできることが異なるので、ここで確認しておきましょう。

① 「チーム」参加者の種類とできること

補足

所有者の管理権限

所有者はメンバーを追加したり、メンバーが「チーム」内でできることを制限したり (Sec.43参照) することもできます。

チームメンバーは「所有者」、「メンバー」、「ゲスト」の3つの役割に分類できます。
「チーム」の作成者が所有者となり、「チーム」へのメンバーやゲストの追加・削除、「チーム」の設定変更などができます。
メンバーは、「チーム」内で「チャネル」へのメッセージ投稿やファイルの閲覧・アップロードなどの一般的な操作ができます。
チームの所有者が「組織」外の人をチームに招待すると、ゲストとして参加することになります。操作の一部に制限がありますが、メッセージ閲覧や投稿、Teams会議への参加などは問題なくできます。
各役割の権限について詳しくは、以下の表を参照してください。

▶ **チームユーザーの役割と権限**

	所有者	メンバー	ゲスト
チャネルの作成	○	○	―
チャネルの会話に参加	○	○	○
チャットのファイルを共有	○	○	―
アプリ (タブ・ボット・コネクタなど) の追加	○	○	―
メッセージの編集・削除	○	○	○
メンバーとゲストの追加・削除	○	○ ※ゲストの追加・削除とメンバーの削除はできません	―
チームの作成	○	○	―
チームのアーカイブ・復元	○	―	―

第2章

チャネルに参加する

Section 07　デスクトップ版をインストールする
Section 08　Teamsの基本画面を確認する
Section 09　プロフィールを確認する
Section 10　チャネルを作成する
Section 11　プライベートチャネルを作成する
Section 12　チャネルに参加する
Section 13　メッセージを投稿する／返信する
Section 14　通知の設定を行う
Section 15　特定のメンバーにメッセージを投稿する
Section 16　ステータスを設定する
Section 17　リストのチャネルをピン留めする／並べ替える
Section 18　チャネルを削除する

Section

07 デスクトップ版をインストールする

ここで学ぶこと
・デスクトップ版
・Windows
・インストール

Teamsには、デスクトップ版とブラウザー版があります。機能やサービスを最大限に活用するためには、デスクトップ版の利用がおすすめです。ここでは、デスクトップ版のインストール手順を解説します。

① Windowsでインストールする

エクスプローラーからインストールする

公式サイトからTeamsアプリをダウンロードしたあと、エクスプローラーからもインストール操作を行えます。エクスプローラーの[ダウンロード]をクリックし、[MSTeamsSetup]をダブルクリックすると、インストーラーが起動し、インストールが開始されます。

① WebブラウザーでTeamsの公式サイト(「https://www.microsoft.com/ja-jp/microsoft-teams/group-chat-software」) にアクセスし、[Teamsをダウンロード]をクリックします。

② [Windows用のMicrosoft Teamsをダウンロードする]をクリックし、

③ ダウンロードが完了したら、[ファイルを開く]をクリックします。

④ デスクトップ版がインストールされて、自動的に起動し、「Teamsへようこそ」画面が表示されます。「アカウントを選択して続行する」に任意のアカウントが表示されていない場合は、[別のアカウントを作成または追加]をクリックします。

補足

モバイルアプリの入手

手順②の画面に表示されているQRコードをスマートフォンやタブレットなどの「カメラ」アプリで読み込むと、モバイルアプリのダウンロードページに移動します。iOS版は「App Store」アプリ、Android版は「Playストア」アプリからインストールできます(Sec.75参照)。

解説

ブラウザー版の利用

ブラウザー版Teamsを利用するには、Webブラウザーで「https://teams.microsoft.com」にアクセスし、有効なアカウント（P.16参照）でサインインします。現在サポートされているブラウザーは「Microsoft Edge」、「Google Chrome」、「Firefox」、「Safari」です。デスクトップ版とブラウザー版の違いについて詳しくは、Sec.08の側注を参照してください。なお、モバイル端末ではブラウザー版Teamsが利用できません。モバイルアプリをインストールして、利用を開始します（Sec.74参照）。

5 ライセンスが割り当てられたアカウントを入力し、

6 ［次へ］をクリックします。

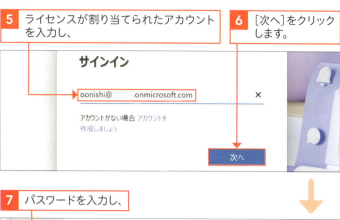

7 パスワードを入力し、

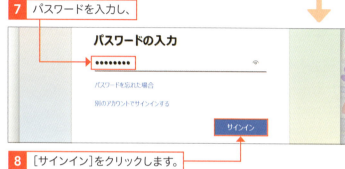

8 ［サインイン］をクリックします。

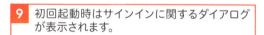

9 初回起動時はサインインに関するダイアログが表示されます。

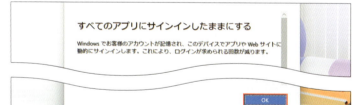

10 ［いいえ、このアプリのみにサインインします］または［OK］をクリックします。

11 新機能の説明などが表示されるので［続行］→［了解］の順にクリックします。

ヒント

基本画面

手順11の操作を行うと、ワークスペース画面などが表示されます。基本画面の構成や機能は、Sec.08を参照してください。

Section 08

Teamsの基本画面を確認する

ここで学ぶこと
・基本画面
・メニューバー
・画面構成

Teamsにサインインしたら、チームリストやワークスペースなど基本画面やメニューバーの各画面を確認しましょう。なお、メニューバーの各機能をドラッグすることで、位置を入れ替えることができます。

① Teamsの画面構成

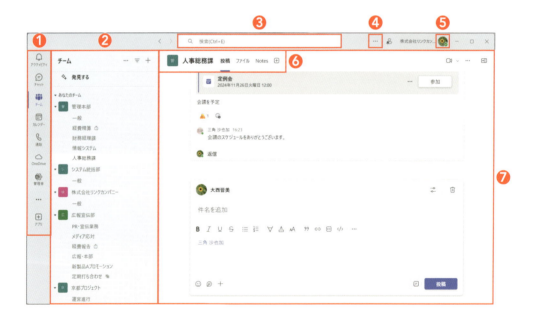

画面	機能
❶メニューバー	各機能にアクセスします
❷チームリスト	参加中のチームやチャネルにアクセスします
❸検索	ユーザーやキーワードを検索します
❹設定	Teamsの各種設定ができます
❺プロフィールアイコン	プロフィールの編集や各種設定をします
❻タブ	ファイルやアプリをタブとして追加できます
❼ワークスペース	メッセージを投稿・閲覧できます

解説

デスクトップ版とブラウザー版の違い

大きな違いはありませんが、ブラウザー版ではポップアップ画面（Sec.24参照）が表示できなかったり、Teams会議の背景設定（Sec.30参照）に一部制限があったりします。

② メニューバーの各画面構成

メニューバーの機能を入れ替える

位置を入れ替えたい機能を上下にドラッグして、任意の位置まで移動させます。

アクティビティ

未読メッセージや自分宛てのメッセージ、投稿したメッセージへの返信、着信、チームやチャネルへの招待などの新着情報が表示されます。アイコンに表示される数字で通知数を確認できます。

チャット

メンバーを指定して1対1のチャットや複数人でのグループチャットができます。テキスト以外に、ファイルや画像のやり取りも可能です。チャット画面から音声通話を開始することもできます。

ブラウザー版の画面構成

デスクトップ版と画面構成はほとんど同じですが、ブラウザー版では画面左上の::: をクリックするとWordやExcelなどのWeb版Officeアプリにアクセスできるようになっています。任意のアプリをクリックすると、別ウィンドウで表示されます。

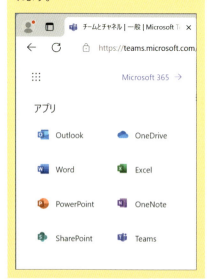

チーム

参加中のチームやチャネルが表示されます。チーム内のメンバーとメッセージのやり取りをしたり、チームやチャネルの作成、メンバーの招待を行ったりすることもできます。

重要用語

Teams会議

Teams会議は、映像と音声を使用し、複数人で通話を行います。「カレンダー」からスケジューリングを行うことで、計画的にTeams会議を実施できます。なお、Web通話との違いについては、Sec.26を参照してください。

カレンダー

[今すぐ会議]をクリックすると、すぐにTeams会議や音声のみのWeb通話を始められます。日時や参加者を設定したTeams会議の予定を立てることもできます。

通話

Teamsを利用しているメンバー同士で音声通話ができます。複数人と通話したり、Web通話に切り替えたりすることもできるので、Teams会議よりフランクに利用可能です。

OneDrive

「OneDrive」が表示され、Teamsのチャネルで共有されたファイルをはじめ、Microsoft 365アカウントに紐付けられたファイルにアクセスできます。チャットで共有されたファイルは、「マイファイル」の「Microsoft Teamsチャットファイル」から閲覧できます。

解説

Teams内のファイルストレージ

Teamsのメニューバーからアクセスできる「OneDrive」は個人用OneDriveではなく、Microsoft 365で使えるOneDriveです。Teamsは、個人用OneDriveに接続できないようになっています（2024年12月現在）。

Section 09 プロフィールを確認する

ここで学ぶこと
- プロフィール表示
- アイコン変更
- アカウント

Teamsでは、管理者によってアカウントに紐付けられた名前が表示されます。プロフィールアイコンをクリックすると、ユーザーのプロフィール情報を確認できます。プロフィールアイコンは変更することができます。

① プロフィールを表示する

補足
名前を変更するには

管理者によって名前の変更が制限されている場合は、自分の表示名を変更できません。変更が必要な場合は、「組織」の管理者に確認しましょう。

▶ 自分のプロフィールを表示する

　画面右上のプロフィールアイコンをクリックし、

　表示名をクリックします。

応用技 アカウントを追加して切り替える

P.31 手順 2 の画面で、[別のアカウントを追加] をクリックして画面の指示に従って進めると、別のMicrosoft 365 アカウントを追加できます。以降は、画面右上のプロフィールアイコンをクリックし、切り替えたいアカウントをクリックすると、「組織」のアカウントを切り替えることができます。

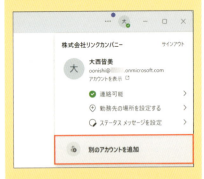

3 自分のプロフィールが表示されます。

ほかのユーザーのプロフィールを表示する

1 チャネルやチャットなどでほかのユーザーのプロフィールアイコンをクリックします。

2 ほかのユーザーのプロフィールが表示されます。

② プロフィールアイコンを変更する

補足

プロフィールアイコンを初期状態に戻す

手順1の画面で、[削除]をクリックすると、設定した画像が削除され、初期状態のプロフィールアイコンに戻ります。

1 [アップロード]をクリックします。

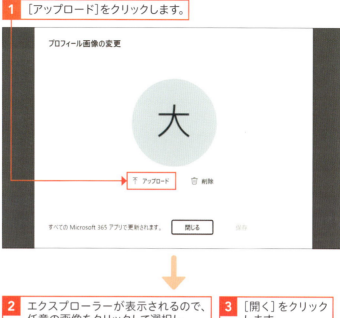

2 エクスプローラーが表示されるので、任意の画像をクリックして選択し、

3 [開く]をクリックします。

4 [保存]をクリックします。

ヒント

すぐに反映されない場合

プロフィールアイコンを変更しても、すぐに反映されない場合もあります。ページを再度読み込むか、P.31手順2の画面で[サインアウト]をクリックし、一度サインアウトしてから再びサインインすると反映されます。

Section 10 チャネルを作成する

ここで学ぶこと
・チャネルの種類
・標準チャネル
・チャネルの作成

新しい業務やプロジェクトを開始するときや、社外の人と共同で作業を進行する案件が発生したときなどは、「チャネル」を作成しましょう。チャネルには「標準チャネル」、「プライベートチャネル」、「共有チャネル」の3種類があります。

1 チャネルの種類

解説　一般チャネルとは

「一般」とは、「チーム」作成時に自動で作成される標準チャネルです。チームに参加しているメンバー全員がメッセージを閲覧したり、投稿したりできるため、チーム全体で周知したいときに利用します。なお2回目以降、チームを新たに作成した場合は、チームの作成者が最初のチャネル名を指定できます。

「標準チャネル」は、「チーム」のメンバーであれば招待されなくても参加できるチャネルです。一方、「プライベートチャネル」は、チャネルを作成した所有者によって追加されたメンバーのみが参加できるチャネルです。参加しているメンバー以外には、そのプライベートチャネルは表示されません。

同じ「チーム」内でも、特定のメンバーのみと情報共有を行いたい場合は、プライベートチャネルを作成して（Sec.12参照）、やり取りをするといった使い分けをするとよいでしょう。なお、プライベートチャネルを、あとから標準チャネルに変更することはできません。

プライベートチャネルがチームの特定のユーザーのみメンバーとして追加できるのに対し、「共有チャネル」は、チームのすべてのユーザーやチーム外のユーザー、「組織」外の人をメンバーとして参加させることができます。ただし、「組織」外の人をメンバーとして参加させるには、Microsoft 365アカウントを所持しており、両方の「組織」の管理者が互いの「組織」間で信頼関係に関わる設定をしておく必要があります。

ヒント　一般チャネルの名前を変更する

チーム所有者は、一般チャネルの名前をあとから変更することができます。一般チャネルの … をクリックして、[チャネル名の変更]をクリックします。「チャネル名」を編集し、[保存]をクリックすると、変更完了です。

チャネルリストで選択したチャネルのワークスペースです。

チャネルリストをクリックすると、画面右側にチャネルのワークスペースが表示されます。

② 標準チャネルを作成する

> 💡 **ヒント**
> **作成したチャネルをメンバーに知らせる**
>
> 「チーム」内でチャネルの数が増えてくると、新しく作成したチャネルがリストの一覧に表示されないことがあります。作成したチャネルを、全員に知らせたい場合は、チャネル作成時に手順 4 の画面で［すべてのユーザーのチャネルのリストでこのチャネルを自動的に表示します］をクリックしてチェックを付けます。

1 メニューバーの［チーム］をクリックし、

2 チャネルを作成したいチームの … をクリックして、

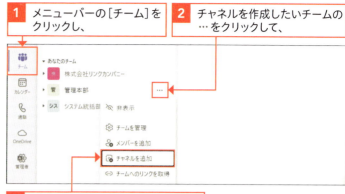

3 ［チャネルを追加］をクリックします。

4 「チャネル名」、「説明」を入力し、

5 「チャネルの種類を選択する」で［標準 — チームの全員がアクセスできます］を選択して、

6 ［作成］をクリックします。

7 標準チャネルが作成されます。

作成できるチャネルの数

「チーム」ごとに作成できるチャネルの数は1,000個（削除されたチャネルを含む）です。削除されたチャネル（Sec.18参照）は、30日以内であれば復元できます。

Section 11 プライベートチャネルを作成する

ここで学ぶこと
・チャネルの作成
・プライベートチャネル
・メンバーの追加

特定のメンバーと限定的なやり取りを行う場合は、プライベートチャネルを作成します。プライベートチャネルは、所有者が追加したメンバーにだけ表示されるチャネルです。

① プライベートチャネルを作成する

> **補足**
> **作成できるプライベートチャネルの数**
>
> 「チーム」ごとに作成できるプライベートチャネルの数は30個（削除されたチャネルを含む）です。なお、チームごとの最大チャネル数 1,000 個に含まれます。削除されたチャネル（Sec.18 参照）は、30日以内であれば復元できます。

1 メニューバーの [チーム] を クリックし、
2 チャネルを作成したいチームの … をクリックして、

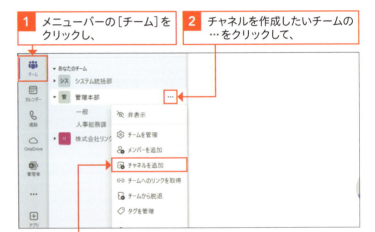

3 [チャネルを追加] をクリックします。

4 「チャネル名」、「説明」を入力し、

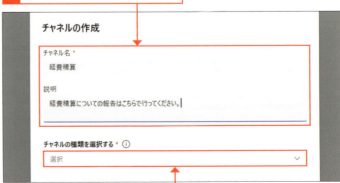

5 「チャネルの種類を選択する」のプルダウンメニューをクリックします。

36

解説

プライベートチャネルに あとからメンバーを追加する

プライベートチャネルにメンバーを追加するには、手順 8 の画面で「名前またはメールアドレスを入力します」欄に、追加するメンバーの名前やメールアドレスを入力して、［追加］をクリックします。また、作成後にチャネルのリストから追加することもできます。手順 9 の画面で … →［メンバーを追加］の順にクリックし、同様の手順で追加します。

補足

プライベートチャネルの メンバーを削除する

プライベートチャネルの所有者は、メンバーをチャネルから削除できます。メンバーを削除するプライベートチャネルの … →［チャネルを管理］→［メンバーおよびゲスト］の順にクリックし、削除するメンバーの × をクリックします。

---

6 ［プライベート　チームの特定のユーザーがアクセスできます。］をクリックします。

7 ［作成］をクリックします。

8 「○○チャネルにメンバーを追加する」と表示されます。ここでは、［スキップ］をクリックします。

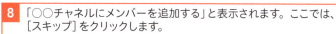

9 プライベートチャネルが作成されます。プライベートチャネルには 🔒 が表示されます。

Section 12 チャネルに参加する

ここで学ぶこと
・チャネルへの参加
・チームリスト
・ワークスペース

招待されたチャネルに参加すると、画面中央にチャネルのワークスペースが表示されます。ワークスペースは、メンバーとメッセージのやり取りをはじめとしたコミュニケーションの場です。チームリストに表示し、チャネルに参加しましょう。

1 チャネルに参加する

重要用語
チームリスト

チームリストには、自分が参加している「チーム」が一覧で表示されています。チーム名をクリックすることで、その下の階層にあるチャネルのリストを表示／非表示できます。目的のチャネルに参加するには、まずは「チーム」を選択し、その後チャネルのリストから「チャネル」を選択しましょう。

解説
ワークスペース

チャネルを選択したとき、画面中央に表示されるのがワークスペースです。メッセージの投稿、ファイルの共有、Teams会議はここで行います。また、ワークスペース画面右上の をクリックすると、チャネルの詳細が開くので、メンバーやチャネルの説明を確認できます。

1 メニューバーの［チーム］をクリックし、チームリストを表示します。

2 参加したいチャネルがあるチーム名をクリックします。

3 チャネルのリストが一覧で表示されます。

4 参加したチャネルをクリックすると、

5 参加したチャネルのワークスペースが表示されます。

❷ チャネルをチームリストに表示する

チャネルの数が多すぎるときは

リストに表示されるチャネルの数が多くなってきたときは、必要に応じてチャネルを非表示にすると、よく使うチャネルにアクセスしやすくなります。非表示にするには、チャネルにマウスポインターを合わせ、…→［非表示］の順にクリックします。

1 チームリストに参加したいチャネルが表示されていない場合は、［すべてのチャネルを表示］をクリックします。

2 「非表示のチャネル」にある一覧に表示させたいチャネルにマウスポインターを合わせ、［表示］をクリックします。

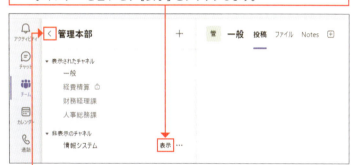

3 ＜ をクリックします。

4 チャネルがチームリストに表示されます。

チームの並び替え

チームリストのチームは、ドラッグで並び替えることができます。よく使うチームはいちばん上に配置しておくとよいでしょう（Sec.17参照）。

プライベートチャネルから脱退する

プライベートチャネルは、メンバー自ら脱退できます。脱退するプライベートチャネルの…→［チャネルから脱退］→［チャネルから脱退］の順にクリックします。

Section

13 メッセージを投稿する／返信する

ここで学ぶこと
・メッセージ
・投稿
・返信

チャネルに参加しているメンバーにワークスペースからメッセージを投稿できます。投稿したメッセージには、青いバーが表示されます。ここでは、メッセージの投稿とメッセージへの返信の仕方について解説します。

① ワークスペースの画面構成

チャネルに投稿するメッセージには、件名を付けることができます。
投稿にメンバーから返信があると、スレッド形式で表示されます。

メッセージ

チャネルのワークスペースにある「投稿」タブから、メンバーのメッセージを確認できます。

相手の返信

メッセージに返信があると、スレッド形式で表示されます。

② メッセージを投稿する

メッセージの送信相手

手順 1 ～ 3 のように、メッセージを投稿すると、チャネルのメンバー全員へ投稿されます。手順 2 の画面で「メッセージを入力」に「@」を入力し、メンバーをクリックして選択することで、特定のメンバーに向けた投稿として表示されます（Sec.15参照）。

件名を付けて投稿する

手順 2 の画面で「件名を追加」にメッセージの件名を入力して投稿すると、投稿したメッセージに件名が表示されます。投稿内容に応じて、利用するとよいでしょう。

1　ワークスペースを表示し、[投稿を開始する]をクリックします。

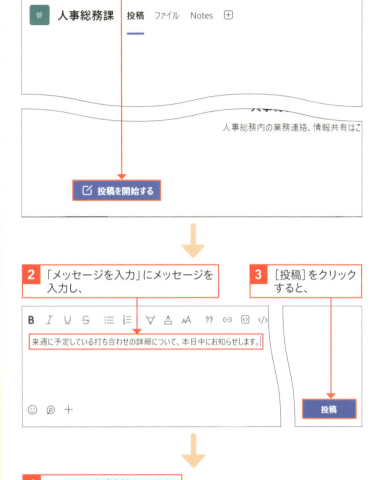

2　「メッセージを入力」にメッセージを入力し、

3　[投稿]をクリックすると、

4　メッセージが投稿されます。

③ メッセージに返信する

🕐 時短
リアクションする

返信やメッセージにマウスポインターを合わせると、👍の絵文字が表示され、クリックすることでリアクションできます。表示される絵文字のほか、😀をクリックすると豊富な種類の絵文字から選択できます。

✏️ 補足
重要なメッセージをピン留めする

メッセージにマウスポインターを合わせ、…→［ピン留めする］→［ピン留めする］の順にクリックすると投稿がピン留めされます。

✏️ 補足
メッセージを未読にする

会話の途中で退席せざるをえない場合や改めてメッセージを確認したい場合は、未読機能を利用しましょう。メッセージにマウスポインターを合わせ、…→［未読にする］の順にクリックすると、未読に設定されたメッセージの上部に「最後の既読」と表示されます。

---

1 返信したい投稿にある［返信］をクリックします。

2 「返信」にメッセージを入力し、

3 をクリックすると、

4 返信メッセージが送信されます。

Section 14 通知の設定を行う

ここで学ぶこと
・Teamsの通知方法
・通知の変更
・特定のチャネルの通知

チャネルに投稿されたメッセージや、自分宛ての返信、リアクションなどには通知が届きます。通知は個別に表示と非表示を設定することができます。また、特定のチャネルごとに通知設定のカスタマイズもできます。

1 Teamsの通知方法

Teamsの通知には、2種類あります。パソコンのデスクトップ画面右下にポップアップ表示される「バナー」とTeamsメニューバー「アクティビティ」に表示される「フィード」です。

補足
バナーとフィード

Teamsのバナー通知は、デスクトップ版Teamsを起動していると通知されます。フィードの場合は、メニューバーの「アクティビティ」に数字（通知の数）のドットが付きます。通知内容は「フィード」から確認できます。

バナー

フィード

ヒント
通知からメッセージを開く

バナー通知の場合は、バナーをクリックすると自分宛てのメッセージやリアクションなどを確認できます。フィード通知の場合は、メニューバーの［アクティビティ］をクリックします。新着フィードがあると、該当チャネルのワークスペースが表示されます。

❷ 通知を変更する

💬解説
通知とアクティビティ

手順 3 の画面では、すべての通知をミュートにする（Web通話とTeams会議を除く）設定や、通知の音声・表示の設定もできます。また、「会議」、「ユーザー」、「カレンダー」など項目ごとに通知設定を変更することもできます。

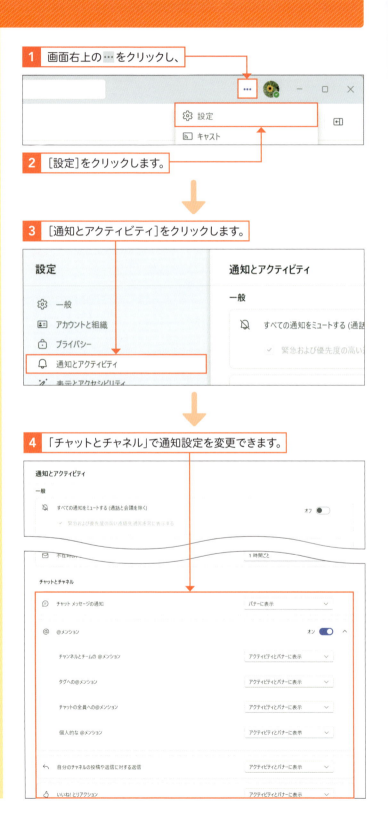

1 画面右上の … をクリックし、

2 ［設定］をクリックします。

3 ［通知とアクティビティ］をクリックします。

4 「チャットとチャネル」で通知設定を変更できます。

③ 特定のチャネルの通知を変更する

ヒント

チャネルの投稿ごとの通知設定

チャネルに投稿したメッセージ（Sec.13参照）は、投稿スレッドごとに通知のオン／オフを設定できます。なお、メッセージを投稿したユーザーは初期状態で通知がオンになっていますが、それ以外のユーザーはオフに設定されています。投稿スレッドの通知を切り替えたいときは、投稿にマウスポインターを合わせて … →［通知をオフにする］または［通知をオンにする］の順にクリックします。

1 メニューバーの［チーム］をクリックし、

2 通知を変更したいチャネルの … をクリックして、

3 ［チャネルの通知］をクリックします。

4 「チャネル通知の設定」画面が表示されるので、「すべての新しい投稿」と「チャネルのメンション」の通知を設定します。

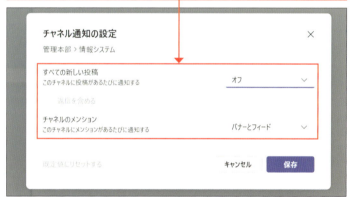

5 ［保存］をクリックします。

Section 15 特定のメンバーにメッセージを投稿する

ここで学ぶこと
・メンション
・特定のメンバー
・メッセージ

チャネルやグループチャットで、特定のメンバー宛に投稿したり、メッセージを送信したりしたいときは、メンション機能を利用しましょう。メンション付きのメッセージを投稿すると、相手に通知が届きます。

① メンションを設定する

ヒント

メンション機能が表示されない

手順②の画面で「@」を入力しても送信相手の候補が表示されない場合は、名前の一部を入力すると、候補として表示されます。

補足

複数のメンバーにメンションする

複数のメンバーにメンションを設定することもできます。P.47手順④のあと、手順②～③の手順をくり返して設定します。

1 P.41 手順①を参考に「メッセージを入力」欄を表示してクリックします。

2 半角で「@」を入力すると、送信相手の候補が表示されます。

3 相手の名前をクリックします。

補足

メンション付きのメッセージ

メンション付きのメッセージは、以下のように表示され、右端に が付いています。また、メニューバーの「アクティビティ」にも「○○さんがあなたにメンションしました」と表示されます。

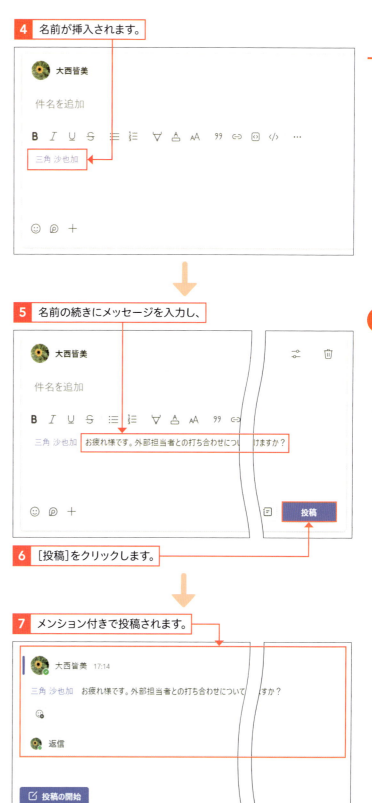

4 名前が挿入されます。

5 名前の続きにメッセージを入力し、

6 ［投稿］をクリックします。

7 メンション付きで投稿されます。

Section 16 ステータスを設定する

ここで学ぶこと
・ステータス
・ステータスの種類
・ステータスの変更

プロフィールアイコンのステータスを変更することで、チャットや通話が可能かどうかなど、現在の自分の状況をほかのメンバーに知らせることができます。ステータスは自動で切り替わるほか、手動で切り替えることもできます。

1 ステータスの種類

📝 補足
自動切り換え

ステータスを「連絡可能」としたまま、キーボードやマウスの操作が5分間行われない場合には、自動的に「退席中」に表示が切り替わります。

Teamsでは、プロフィールアイコンに現在の状況を示すドットが表示されています。このドットを確認することで、ほかのメンバーへの連絡が可能かどうかを確認したり、自分の状況をメンバーに知らせたりすることができます。

「連絡可能」

「取り込み中」

ステータスは、「Outlook」の予定表や使用しているパソコンなどの利用状況に連動して自動的に変更されます。

ドット	任意で変更	自動で変更
✅	連絡可能	連絡可能
☑	―	連絡可能 外出中
🔴	取り込み中	取り込み中 通話中 会議中
⭕	―	通話中 外出中
⛔	応答不可	発表中
🕐	退席中	退席中
⊗	オフライン	オフライン
○	―	不明
⬅	―	外出中

💡 ヒント
メンバーのステータスを確認する

メンバーのステータスを確認したいときは、ワークスペースに表示されているメッセージ左のアイコンもしくは、ワークスペース右上の をクリックします。

② ステータスを変更する

✨ 応用技
ステータスメッセージを設定する

手順②の画面で[ステータスメッセージを設定]をクリックすると、ステータスより詳細なテキストで自分の状況をメンバーに知らせることができます。

✏️ 補足
「退席中」のメッセージ

「退席中」に設定している場合や自動で変更された場合でも、メッセージは受信可能です。

💡 ヒント
不在時のアクティビティ

画面右上の … →[設定]→[通知とアクティビティ]の順にクリックし、「不在時のアクティビティに関するメール」から不在時のアクティビティを通知する設定ができます。

---

1 画面右上のプロフィールアイコンをクリックし、

2 ステータス(ここでは[連絡可能])をクリックします。

3 変更したいステータス(ここでは[応答不可])をクリックすると、

4 プロフィールアイコンにステータスが反映されます。

Section 17 リストのチャネルをピン留めする／並べ替える

ここで学ぶこと
- チャネルリスト
- ピン留め
- 並べ替え

参加しているチャネルの数が多くなってきたら、よく使うチャネルはピン留めしておくと、リストの上部に固定できます。また、使いやすいようにチャネルを並べ替えることも有効です。

① チャネルをピン留めする

補足：ピン留めの解除

ピン留めしたチャネルの … をクリックして、[固定表示を解除]をクリックすると、チャネルのピン留めが解除されます。

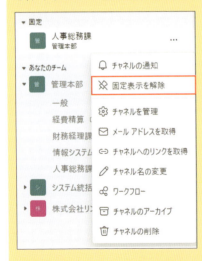

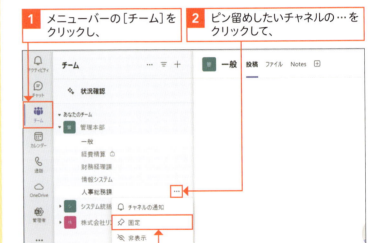

1. メニューバーの[チーム]をクリックし、
2. ピン留めしたいチャネルの … をクリックして、
3. [固定]をクリックします。
4. チャネルがリストの上部に固定されます。

❷ チャネルを並べ替える

チャネル名の変更

チャネル名を変更するには、チャネルの…をクリックして［チャネル名の変更］をクリックします。なお、基本的に「チーム」の所有者とメンバーはチャネル名を変更できますが、アクセス許可によっては変更できない場合もあります。

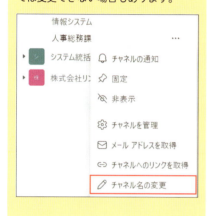

「チーム」の表示順は、上下にドラッグして並べ替える（下のヒント参照）ことができますが、「チャネル」の場合は同様の方法が使えません。チャネルは、基本的に文字コード順に並ぶため、チャネル名の前に「01」、「02」、「03」のように番号を振ると、その順に並べ替えることができます。「チーム」全体で運用ルールを設けてチャネルを作成するほか、チャネル名はあとから変更（左の側注参照）もできるので必要に応じて「チーム」で決定するとよいでしょう。

 チームを並べ替える

「チーム」を並べ替えたいときは、メニューバーの［チーム］をクリックし、並べ替えたいチームを移動先にドラッグします。

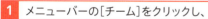

1 メニューバーの［チーム］をクリックし、

3 チームが並び替わります。

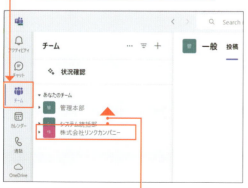

2 移動先にドラッグします。

Section 18 チャネルを削除する

ここで学ぶこと
・削除
・復元
・アーカイブ

業務の終了やそのほかの理由で不要になったチャネルは削除しましょう。削除後30日以内であれば復元できます。なお、削除済みのチャネルであっても一度作成したチャネルと同じ名前のチャネルは作成できません。

1 チャネルを削除する

削除したチャネルの復元

削除したチャネルは30日以内であれば復元できます。手順 1 の画面で、チームの … をクリックし、[チームを管理]→[チャネル]タブの順にクリックします。[その他○件]→[削除済み]の順にクリックすると、削除済みのチャネルが表示されるので、復元したいチャネルの[復元]をクリックします。

チャネルのアーカイブ

手順 1 の画面で[チャネルのアーカイブ]をクリックすると、チャネルをアーカイブして保存できます。アーカイブされたチャネルはリストに表示されなくなります。アーカイブしたチャネルをもとに戻すには、上の補足を参考にチームの「チャネル」タブを表示し、[その他○件]→[アーカイブ済み]→ … →[チャネルの復元]の順にクリックします。

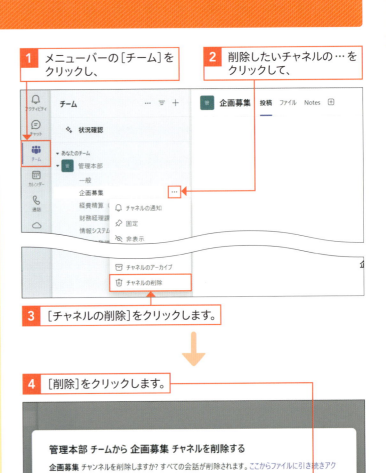

1 メニューバーの[チーム]をクリックし、

2 削除したいチャネルの … をクリックして、

3 [チャネルの削除]をクリックします。

4 [削除]をクリックします。

第3章

チャネルでメッセージをやり取りする

Section 19　メッセージに書式を設定する
Section 20　メッセージにファイルを添付する
Section 21　メッセージを検索する
Section 22　アナウンスを送信する
Section 23　特定のメンバーとチャットする
Section 24　チャットをポップアップ画面で表示する
Section 25　投稿済みのメッセージを編集する
Section 26　Web通話を行う

Section 19 メッセージに書式を設定する

ここで学ぶこと
・書式設定
・文字装飾

長文のメッセージを送信する場合は、書式を設定すると読みやすくなります。ハイライトや太字を使用してメッセージを目立たせたり、絵文字やGIF画像を組み合わせたりして、送信してみましょう。

① 書式を設定する

補足 メッセージに添付できるもの

手順 1 の画面で をクリックするとメッセージに絵文字やGIF、ステッカーを添付できます。ファイルの添付については、Sec.20を参照してください。

ヒント 複数のチャネルに投稿する

手順 2 の画面で をクリックし、「投稿先」で［複数のチャネル］をクリックしてチェックを付けると、投稿先のチャネルを複数選択して投稿できるようになります。

1 Sec.13を参考にメッセージ投稿画面を表示し、テキストと必要であれば件名を入力します。

2 装飾したい文字をドラッグして選択し、

3 変更する書式（ここでは **B** ）をクリックします。

解説

書式の種類

設定できる書式の種類について一部紹介します。

B	太字
I	斜体
U	下線
S	取り消し線
≔	箇条書き
≔	番号付きリスト
▽	テキストのハイライトカラー
A	フォントの色
AA	フォントサイズ
99	引用

補足

その他のオプション

手順 **7** の画面で … をクリックすると、段落やインデントなどの設定ができるほか、表を挿入することもできます。なお、[すべての書式設定をクリア]をクリックすると、文字に設定した書式がクリアされます。

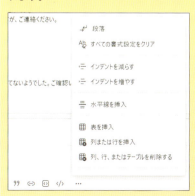

4 文字に書式（ここでは太字）が設定されます。

5 ほかにも同様に装飾したい文字をドラッグして選択し、

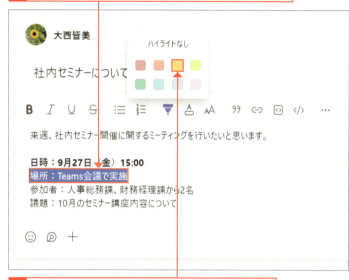

6 変更する書式（ここでは ▽ → ）をクリックします。

7 文字に書式（ここではハイライト）が設定されます。

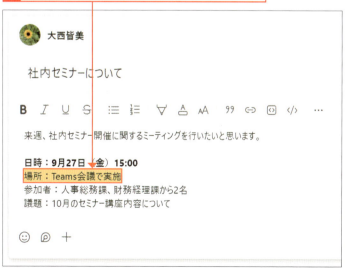

Section 20 メッセージにファイルを添付する

ここで学ぶこと
- ファイルの添付
- ファイルの保存
- ファイル一覧表示

メッセージには、ファイルを添付してチャネルのメンバーと共有することができます。メンバーは、ファイルを自分のパソコンに保存したり、チャネルの「ファイル」タブで、これまで共有されたすべてのファイルを一覧で確認したりできます。

1 ファイルを添付する

補足

ファイルの添付

ここでは、自分のパソコンのファイルをアップロードしてファイルを添付する手順を解説しています。手順3の画面で［クラウドファイルの添付］をクリックするとOneDriveのファイルを、［チームとチャネルを参照］をクリックするとチームやチャネルの共有ファイルを選択して添付できます。

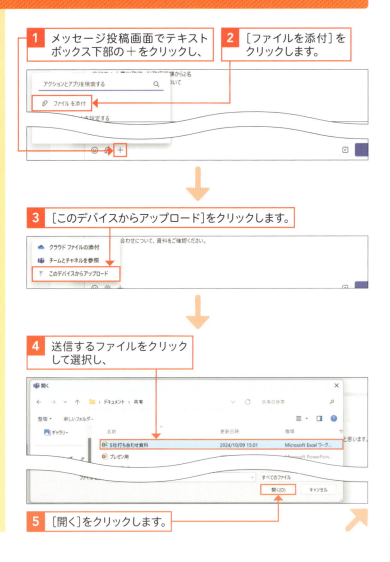

1. メッセージ投稿画面でテキストボックス下部の＋をクリックし、
2. ［ファイルを添付］をクリックします。
3. ［このデバイスからアップロード］をクリックします。
4. 送信するファイルをクリックして選択し、
5. ［開く］をクリックします。

ヒント

ファイルの添付をキャンセルする

ファイルのアップロード中やメッセージ投稿前にファイルを削除したい場合は、ファイル名右の✕をクリックします。メッセージ投稿後にファイルを削除したい場合は、投稿の編集画面を表示し、ファイル名右の✕をクリックします。

6 ファイルが添付されます。

7 ［投稿］をクリックすると、ファイルが添付された状態でメッセージが投稿されます。

8 ［ファイル］をクリックすると、「ファイル」タブが表示され、チャネル内のすべてのファイルを確認できます。

② ファイルを保存する

解説

ファイルのダウンロード先

チャネルからダウンロードしたファイルは、デフォルトではパソコンのエクスプローラーにある「ダウンロード」に保存されます。

1 添付されたファイルの…をクリックし、

2 ［ダウンロード］をクリックします。

ヒント

「ファイル」タブから保存する

チャネルにアップロードされたファイルは、ワークスペース上部にある「ファイル」タブからすべてのファイルを一覧で確認できます。ダウンロードしたいファイルの◯をクリックしてチェックを付け、［ダウンロード］をクリックすることでも保存できます。

3 ファイルのダウンロードが完了します。

Section 21 メッセージを検索する

ここで学ぶこと
- メッセージの検索
- フィルター
- コマンド

過去のメッセージを確認したい場合には、検索機能が便利です。参加しているチームやチャネルのメッセージで使用されたキーワードやユーザー名、添付しているファイル名から検索することができます。

1 メッセージを検索する

解説

フィルター

P.59手順 6 の検索結果では、画面上部にフィルターが表示されています。フィルターは、「すべて」、「メッセージ」、「ユーザー」、「ファイル」、「グループチャット」、「チームとチャネル」の6種類があります。各フィルターをクリックすると、その下にさらに細かいフィルターが表示され、絞り込むことができます。

1 画面上部の検索欄をクリックします。

2 キーワードを入力すると、

3 検索候補が「メッセージ」、「ファイル」、「グループチャット」、「チームとチャネル」のフィルターごとに表示されます。

4 [メッセージ]のフィルターをクリックし、

5 [すべてのメッセージを表示]をクリックします。

補足

その他のフィルター

手順6の画面で、[その他]をクリックすると、「その他のフィルター」を利用できます。その他のフィルターでは「自分を@メンション」、「添付ファイルあり」、「アプリとボットを非表示にする」を適用して、検索結果を絞り込むことができます。

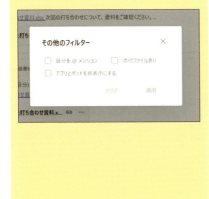

6 検索結果のメッセージをクリックすると、

7 ワークスペースに表示されます。

応用技 コマンドの入力

P.58手順2の画面にキーワードではなく、コマンドを入力してTeamsのさまざまな操作を行うことも可能です。検索欄に「/」を入力すると、現在サポートされているコマンドメニューが表示されます。任意のコマンドをクリックして選択すると、操作が実行されます。

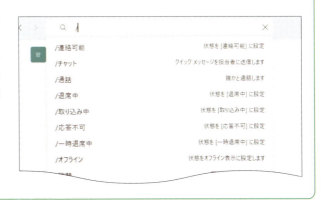

Section 22 アナウンスを送信する

ここで学ぶこと
・アナウンス
・見出し／小見出し
・重要なメッセージ

メッセージの書式で、アナウンスを設定すると、大きい見出しや背景色でメッセージを目立たせることができます。チャネルのメンバーに重要なことを知らせたり、緊急メッセージを投稿したりしたい場合に活用することができます。

1 アナウンスでメッセージを送信する

補足

アナウンスに返信する

通常のメッセージと同様に、アナウンスにも返信をすることができます。投稿されたアナウンス下部の[返信]をクリックすると、テキストを入力できます。

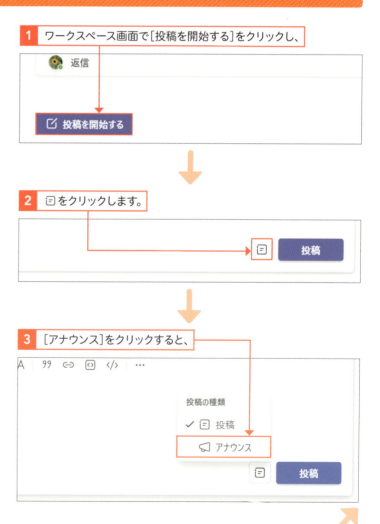

1 ワークスペース画面で[投稿を開始する]をクリックし、

2 □をクリックします。

3 [アナウンス]をクリックすると、

見出しを装飾する

手順 4 の画面で、見出し入力画面右下にある ■ をクリックすると、背景色を変更できます。また、🖼 をクリックすると、背景画像を設定できます。

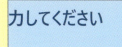

重要なメッセージを送る

P.60手順 1 のあと、画面左下の ＋ →[配信オプションを設定する]→[重要]の順にクリックして選択すると、重要メッセージとして投稿できます。重要メッセージには、投稿の右上に ❗ が表示されます。なお、特定のメンバーに向けたメッセージの場合は、相手側では @ が表示されます。

4 見出しと小見出しのテンプレートが挿入されます。

5 見出し、小見出し、メッセージ本文を入力し、

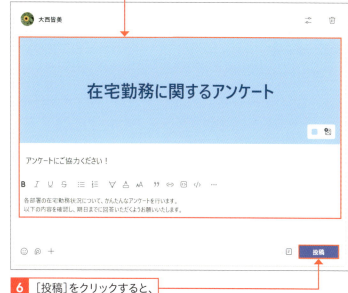

6 [投稿]をクリックすると、

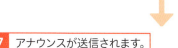

7 アナウンスが送信されます。

Section 23 特定のメンバーとチャットする

ここで学ぶこと
・チャット
・1対1
・グループ

Teamsでは、ユーザーと個人間やグループでチャットのやり取りが行えます。チャットは、チャネルの投稿とは異なり、掛け合い形式でメッセージが表示されます。より簡潔に、手早いコミュニケーションを行いたい場合に利用します。

1 チャットの特徴

チャネル投稿との違い

チャネルではメッセージを投稿することで掲示板のようなスレッド形式でのやり取りが主になるのに対し、チャットでは個人同士やグループ（複数人）で掛け合い形式でやり取りを行います。

メニューバーの［チャット］をクリックすると、「チャット」画面が表示されます。「チャット」画面は、左側に相手のメッセージ、右側に自分のメッセージが表示される掛け合い形式になっています。
メッセージの送受信のほか、チャネルでの投稿と同様に書式設定したり、ファイルの添付やリアクションの追加をしたりすることができます。チャットは1対1、および複数人で行うグループチャットに対応していて、「チャット」画面で「組織」のユーザーの名前を指定することでかんたんにチャットを開始したり（P.63参照）、グループチャットを作成したりできます（P.64参照）。

1対1のチャット画面

相手からのメッセージが左側、自分が送信したメッセージが右側に表示されます。

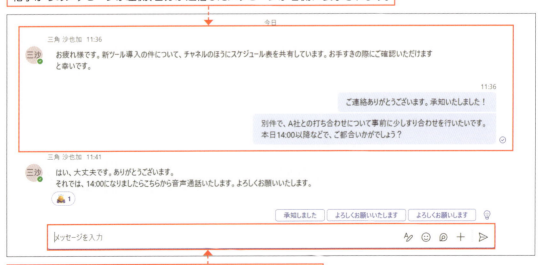

メッセージの入力や、書式設定、ファイルの添付などができます。

② 1対1のチャットでやり取りする

⌨ ショートカットキー

「チャット」画面で改行する

「チャット」画面のテキストボックスで改行するには、Shift + Enter を押します。Enter を押すと、入力中のメッセージがそのまま送信されてしまいます。なお、「チャネル」では、Enter で改行できます。

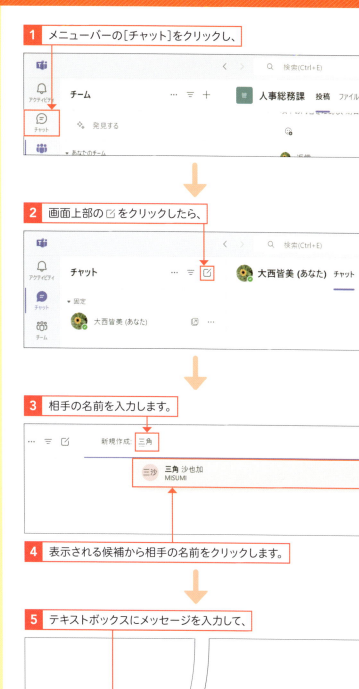

1 メニューバーの[チャット]をクリックし、

2 画面上部の 🖉 をクリックしたら、

3 相手の名前を入力します。

4 表示される候補から相手の名前をクリックします。

5 テキストボックスにメッセージを入力して、

6 ▷ をクリックすると、

💡 ヒント

Web通話を発信する

チャット画面からビデオ通話や音声通話を発信することができます。詳しくは、Sec.26を参照してください。

メッセージのオプション

チャネルのワークスペース内と同様に、メッセージの編集や削除、絵文字でのリアクションなどができます。

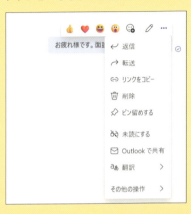

7 メッセージが送信されます。

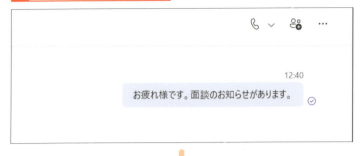

8 「チャット」以外を操作中にチャットでメッセージを受信すると、メニューバーの「チャット」に数字ドットが表示されます。

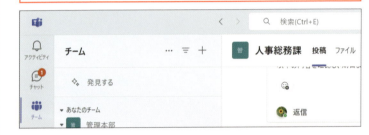

③ グループのチャットでやり取りする

既読を確認する

送信したメッセージが既読であるかを確認することができます。送信したメッセージにマウスポインターを合わせ、…をクリックすると「〇/〇人が既読」と表示され、確認できます。

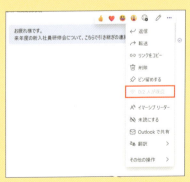

1 P.63手順 **1** ～ **2** を参考に、チャットの新規作成画面を開いたら、

2 テキストボックス右の ∨ をクリックします。

グループ名を変更する

手順8の画面で ✏ をクリックし、グループ名を編集して、[保存]をクリックすると、グループ名が変更されます。

チャット画面でメンバーを追加する

手順8の画面で 👥 をクリックし、[ユーザーの追加]をクリックして追加したい相手を検索して、[追加]をクリックすると、新たにメンバーを追加できます。

チャットから退出する

手順8の画面で 👥 →[退出]の順にクリックすると、チャットから退出できます。

---

3 「グループ名:」にグループ名を入力したら、

4 「新規作成:」に追加したい相手の名前を入力し、

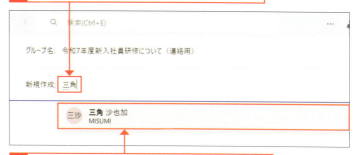

5 表示される候補から相手の名前をクリックします。

6 手順4～5をくり返して複数の相手を追加したら、テキストボックスにメッセージを入力し、

7 をクリックします。

8 グループが作成され、メッセージが送信されます。

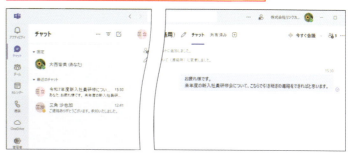

Section 24 チャットをポップアップ画面で表示する

ここで学ぶこと
・チャット
・ポップアップ画面
・画面表示

チャットの画面だけをポップアップ画面で同時に表示することができます。ポップアップ画面で表示することによって、新しいメッセージがすぐにわかるだけでなく、チャット以外の操作と並行して行うことができます。

1 ポップアップ画面で表示する

📝 補足
ほかの表示方法

チャットスペース右上の … →［新しいウィンドウでチャットを開く］の順にクリックすることでも、ポップアップ画面で表示できます。

1 メニューバーの［チャット］をクリックし、

2 ポップアップ画面で表示したいチャットにマウスポインターを合わせて、をクリックします。

💡 ヒント
チャットの自動更新

ポップアップ画面で表示している場合は、自動的にメッセージが更新され、通知は届きません。

**ポップアップ画面を
複数表示する**

複数のチャット画面をポップアップ画面で表示できます。

③ チャット画面がポップアップ画面で表示されます。

④ ポップアップ画面を表示しながら、チャット以外の操作を行うことができます。

⑤ ×をクリックすると、ポップアップ画面が閉じます。

Section 25

投稿済みのメッセージを編集する

ここで学ぶこと
- メッセージ
- 編集
- 削除

投稿したメッセージは、あとから編集して内容を書き換えたり削除したりできます。編集したメッセージには「編集済み」と表示されます。また、投稿したメッセージを誤って削除してしまった場合には、削除を取り消すこともできます。

1 メッセージを編集する

補足
編集済みのメッセージ

送信されたメッセージを編集すると、以下のように表示されます。

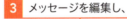

1. 投稿済みのメッセージにマウスポインターを合わせ、
2. ✏ をクリックします。

3. メッセージを編集し、
4. [投稿]をクリックします。

解説
メッセージを削除する

手順 2 の画面で ⋯ →[削除]の順にクリックすると、メッセージが削除されます。なお、[元に戻す]をクリックすると、削除が取り消されます。

Section 26 Web通話を行う

ここで学ぶこと
- Web通話
- 音声通話
- ビデオ通話

「チャット」画面からWeb通話（音声通話・ビデオ通話）を発信することができます。チャットの人数によって、1対1またはグループで通話を行うことができます。

1 チャットから通話を行う

解説

Web通話とTeams会議

Teamsでは、「チャット」画面から1対1、もしくはグループで音声通話やビデオ通話を行うことができます。「チャット」画面から行う通話を、本書では「Web通話」と呼んでいます。一方、「Teams会議」は、「チーム」画面のチャネルや「カレンダー」画面から開催・スケジュール設定ができるビデオ通話のことを指しています。

補足

音声通話を発信する

手順2の画面で、📞 をクリックするか、∨→[音声通話]の順にクリックすると、音声通話を発信できます。なお、手順2の画面に表示されるアイコンは、最後に使用した通話の種類によって変わります。音声通話の場合は📞、ビデオ通話の場合は📹 が表示されています。

1 Sec.24を参考に、「チャット」画面を表示し、通話したい相手のチャットをクリックします。

2 ∨→[ビデオ通話]の順にクリックします。

3 ビデオ通話が発信されます。

4 相手が通話に出ると、ビデオ通話を開始できます。通話を終了するときは、[退出]をクリックします。

応用技　メールでメッセージを投稿する

「チャネル」にはメールアドレスが割り当てられています。このメールアドレスを使ってチャネルに投稿することができます。メールのCCにチャネルのメンバー以外のユーザーを入れると、同じメッセージを共有することができます。

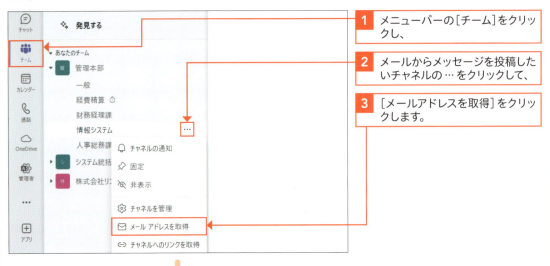

1. メニューバーの［チーム］をクリックし、
2. メールからメッセージを投稿したいチャネルの … をクリックして、
3. ［メールアドレスを取得］をクリックします。

4. ［コピー］をクリックします。

5. メールアプリ（ここではOutlook）の新規メッセージ画面を表示し、「宛先」にコピーしたメールアドレスを貼り付けます。メッセージを入力したり、ファイルを添付したりして送信すると、チャネルにメッセージが投稿されます。

3　チャネルでメッセージをやり取りする

第 **4** 章

Teams会議に参加する

Section 27　Teams会議でできること
Section 28　Teams会議の基本画面を確認する
Section 29　Teams会議に参加する
Section 30　自分の背景をぼかす／変更する
Section 31　カメラやマイクのオン／オフを切り替える
Section 32　Teams会議画面の表示を切り替える
Section 33　特定のメンバーを大きく表示する
Section 34　Teams会議中にメッセージをやり取りする
Section 35　パソコンの画面を共有する
Section 36　ホワイトボードを利用する
Section 37　PowerPoint Liveでプレゼンテーションする
Section 38　アイコンを利用して意思表示をする

Section 27 Teams会議でできること

ここで学ぶこと
・Teams会議
・コミュニケーション
・便利機能

Teamsでは、テキストのやり取りだけではなく、顔を見合わせたTeams会議（ビデオ会議）をすることもできます。離れた場所にいても会話できるTeams会議は、日々の業務や取引先とのやり取りを円滑に進めるうえで欠かせません。

1 Teams会議の機能

そのほかの便利機能

Teams会議中は部屋の背景が映ってしまいますが、プライバシーに配慮して別の背景を設定できます（Sec.30参照）。また、周囲の雑音が混ざらないようマイクをオフ（ミュート）にすることもできます（Sec.31）。マイクをオフにしている状態でも、アイコンで意思表示できる機能もあるので（Sec.38）、発言者が被らずスムーズな進行ができます。

補助デバイス

パソコンにカメラやマイクが内蔵されていない場合は、Webカメラやヘッドセットを別途接続しましょう。内蔵されているカメラやマイクを使用すると、画質の乱れやノイズなどが発生することもあるので、環境に応じて準備しておくとよいでしょう。

Teams会議は、パソコンのデスクトップ版、ブラウザー版、スマートフォンやタブレットなどのモバイルアプリから利用できます。

▶ Teams会議を予約して開催できる

「組織」のユーザーであれば、メニューバーの「カレンダー」から開催日時を予約しておくことで、当日すぐにTeams会議を開催できます。Teams会議を開催および参加するには「カレンダー」画面でTeams会議に表示された[参加]をクリックするだけです。

▶ 最大300人で利用できる

最大300人のTeams会議を開催者として開催できます。Teams会議に参加している人数に応じて、一度に4人、9人、16人、または49人まで画面に表示されます。特定の参加者だけを大きく表示したり、発言中の参加者が大きく表示されるよう設定したりできます。なお、30時間の時間制限があります。

▶ 画面共有機能が利用できる

WebブラウザーやPowerPointファイルなどのほか、ホワイトボードを表示して図や文字を描いて共有できます（Sec.35、36参照）。画面共有では、ファイルにコメントを付けたり、共同編集したりできます。

▶ 録画機能が利用できる

Teams会議は録画できます。録画した動画ファイルは、自動的にクラウドに保存されます（Sec.55参照）。録画データはあとから見返すことができ、管理者設定で有効にしていれば、会議中の発言を文字起こししてテキストデータとして残すこともできます。

Section 28　Teams会議の基本画面を確認する

ここで学ぶこと
・画面構成
・参加者名

Teams会議中は、基本的に上部のメニューから操作を行います。2人以上が参加している場合、画面が分割して表示されます。デスクトップ版では最大49人、ブラウザー版では最大9人まで表示できます。

1 Teams会議の画面構成

補足　Teams会議の経過時間
Teams会議の経過時間は、画面左上で確認することができます。

補足　会議の開催者の場合
開催者の画面では、「退出」ボタンの形が通常の参加者と異なり、退出のほか、Teams会議自体を終了させることができます（Sec.60参照）。

ヒント　Teams会議の参加者名
参加者の下に名前が表示されており、クリックするとメールアドレスなどを確認できます。

①	参加者同士でメッセージのやり取りができます（Sec.34参照）	⑥	デバイスや背景（Sec.30参照）などの設定ができます
②	参加者の一覧を表示したり、参加者を追加したりできます	⑦	カメラのオン／オフを切り替えられます（Sec.31参照）
③	挙手のアイコンを表示できます（Sec.38参照）	⑧	マイクのオン／オフを切り替えられます（Sec.31参照）
④	ほかのアイコンを表示できます（Sec.38参照）	⑨	パソコン上の画面を共有できます（Sec.35参照）
⑤	画面の表示を設定できます	⑩	Teams会議から退出します（Sec.29参照）

Section 29 Teams会議に参加する

ここで学ぶこと
・カレンダーから参加
・ワークスペースから参加
・退出

Teams会議に参加してみましょう。自分が出席者として予約されているTeams会議は「カレンダー」画面から参加することができます。そのほかチャネルのワークスペースや招待リンクから参加する方法もあります。

① カレンダーから参加する

解説
Teams会議への参加方法

「カレンダー」画面からのほか、チャネルのワークスペースから参加する方法や招待リンクから参加する方法があります。「カレンダー」画面からTeams会議が予約され、自分が出席者として設定されると「アクティビティ」にフィード通知が届き、「カレンダー」画面に手順 1 のように表示されます。
ワークスペースでTeams会議が予約された場合、投稿が表示されるので、［参加］をクリックすると参加できます。メールやチャットなどで招待リンクを共有された場合は、リンクをクリックすると、手順 2 の画面が表示されるので、画面の指示に従って参加します。なお、開催中のTeams会議がある場合は、参加のリクエストが通知されることもあります。

1 会議の開催日時になると、「カレンダー」画面で予約されたTeams会議に「参加」と表示されるのでクリックします。

2 ［今すぐ参加］をクリックします。

ヒント
参加のリクエストから参加する

参加をリクエストされると、通知が届きます。[承諾] をクリックすると、P.74 手順 2 の画面が表示され、参加できます。

ヒント
ほかの参加者の表示やマイク設定を変更するには

手順 3 の画面で、画面左下に表示されている参加者の名前にマウスポインターを合わせ、表示された … をクリックするとピン留め (Sec.33 参照) して自分の画面で大きく表示できます。また、開催者であれば、個別に参加者のマイクをミュート (Sec.54 参照) できます。

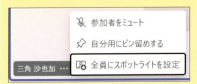

3 Teams 会議に参加できます。

4 [参加者] をクリックすると、

5 Teams 会議に参加しているメンバーを確認できます。

6 [その他] をクリックすると、背景やオーディオ、会議の設定などができます。

7 [退出] をクリックすると、Teams 会議から退室できます。開催者は、Teams 会議を終了することもできます (Sec.60 参照)。

Section 30 自分の背景をぼかす／変更する

ここで学ぶこと
- 背景
- ぼかす
- 背景の変更

Teams会議では、初期設定のままでは背後の様子がカメラに映ってしまいます。プライバシーや見栄えに配慮して、背景を変更できます。背景画像にはさまざまな種類があり、パソコンに保存している画像を設定することもできます。

1 会議前に背景を設定する

補足 ブラウザー版の場合

ブラウザー版から会議に参加する場合は、背景（ぼかしと背景画像）の設定のみできます。手順 1 の画面で［背景フィルター］をクリックしてください。

補足 ぼかしの種類

ぼかしには、「標準ぼかし」と「人物背景用ぼかし」の2種類があります。手順 1 の画面で［標準ぼかし］の をクリックして変更できます。ぼかし度合いがより強いのは、標準ぼかしです。なお、ブラウザー版では、標準ぼかしになります。

1 P.74手順 2 の画面で［エフェクトとアバター］をクリックし、

2 利用したい背景をクリックします。

ほかの背景画像やフィルターを表示できます。

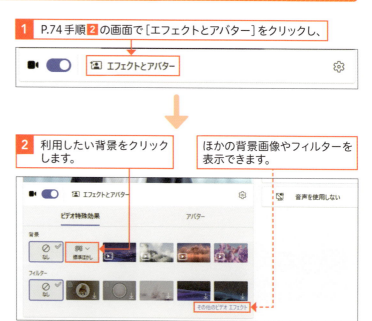

3 背景が設定され、プレビューが表示されます。

4 問題なければ、［今すぐ参加］をクリックします。

② 会議中に背景を設定する

背景用画像を追加する

手順 3 の画面で［その他のビデオエフェクト］をクリックすると、ほかの背景画像が一覧で表示されます。また、［新規追加］をクリックすると、パソコンに保存している画像ファイルをアップロードして、Teams会議の背景に設定することもできます。アップロードできる画像の要件は、以下のとおりです。

- 最小サイズ：360×360px
- 最大サイズ：2,048×2,048px
- ファイルの種類：jpeg、jpg、png、bmp
- 縦横比（幅：高さ）：4未満

フィルターとアバター機能

デスクトップ版Teamsでは、フィルターとアバター機能を利用できます。フィルターは、カメラにフレームを表示させたり、カメラ映像の色味を変更したりできます。アバター機能は、カメラをオフにすることで利用でき、アバターアプリをインストールして、自分のアバターを作成します。

1 Teams会議の画面で、［その他］をクリックして、

2 ［ビデオの効果と設定］をクリックします。

3 変更したい背景をクリックして、

4 ［プレビュー］をクリックすると、

5 カメラが自動的にオフになり、手順 3 で選択した背景のプレビューが表示されます。

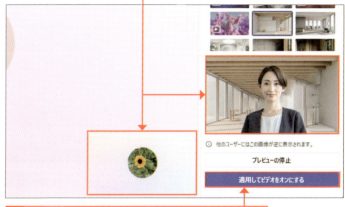

6 ［適用してビデオをオンにする］をクリックします。

Section 31 カメラやマイクのオン／オフを切り替える

ここで学ぶこと
- カメラ
- マイク
- オン／オフの切り替え

カメラやマイクのオン／オフを会議中に切り替えることができます。カメラをオフにすると映像が消え、プロフィールアイコンが画面に表示されます。マイクをオフにしたら、発言の際にオンにするのを忘れないようにしましょう。

1 カメラのオン／オフを切り替える

補足 会議前にカメラをオフにする

Teams会議の参加前にカメラをオフにしたい場合は、P.74手順 **2** の画面で の ● をクリックして ○ にします。

ヒント カメラオプションを開く

手順 **1** の画面で［カメラ］の横にある ∨ をクリックすると、そのほかのカメラオプションを開くことができ、ここからカメラや背景などの設定をすることもできます。

1 Teams会議の画面で［カメラ］をクリックすると、

2 カメラがオフになり、相手の画面では名前とプロフィールアイコンが表示されます。

3 再びカメラをオンにするには、もう一度［カメラ］（ 🎥 ）をクリックします。

② マイクのオン／オフを切り替える

📝 補足

会議前にマイクをオフにする

Teams会議の参加前にマイクをオフにしたい場合は、P.74手順 2 の画面で 🎤 の 🔘 をクリックして ⚪ にします。

💡 ヒント

マイクオプションを開く

手順 1 の画面で[マイク]の横にある ⌄ をクリックすると、そのほかのマイクオプションを開くことができ、ここからスピーカーやマイクなどの設定をすることもできます。

1 Teams会議の画面で[マイク]をクリックすると、

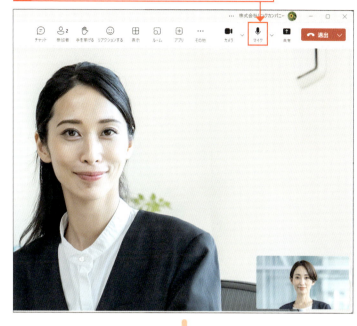

2 マイクがオフになり、音声が相手に伝わらなくなります。

3 再びマイクをオンにするには、もう一度[マイク]（🎤）をクリックします。

Section 32 Teams会議画面の表示を切り替える

ここで学ぶこと
- 全画面表示
- ポップアップ画面
- 話者表示

Teams会議の画面には「ギャラリー」、「話者」、「全画面」表示があるほか、ポップアップ画面に切り替えることができます。会議の進行に応じて画面の表示を変更することで、ほかのアプリを起動したり、作業したりできます。

1 全画面で表示する

補足 全画面表示を無効にする

全画面表示中に手順 の画面で［表示］→［その他のオプション］の順にクリックし、［全画面表示］をクリックしてチェックを外すと、「ギャラリー」表示で表示されます。

補足 「話者」表示

Teams会議では、初期設定では手順 3 のように「ギャラリー」表示になっていますが、「話者」表示にすることで発言中の参加者が画面中央に大きく表示されます。発言者が変わる度に、画面に映る人物も変わるため、誰が話しているかわかりやすいという特徴があります。「話者」表示に変更するには、手順 2 の画面で［話者］をクリックします。

1 Teams会議の画面で［表示］をクリックします。

2 ［その他のオプション］をクリックし、

3 ［全画面表示］をクリックすると、

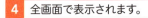

4 全画面で表示されます。

② ポップアップ画面で表示する

解説

ポップアップ画面の見方

手順2の画面で表示されているポップアップ画面の各アイコンの見方は、以下の通りです。

❶	最小化できます
❷	アクティブなスピーカーのみ表示します
❸	さらに多くのユーザーを表示します
❹	会議ウィンドウを最大化します
❺	カメラのオン／オフを切り替えられます
❻	マイクのオン／オフを切り替えられます
❼	画面共有を開始します
❽	退室します

ヒント

会議中にほかのアプリを利用する

会議画面をポップアップ画面で表示することで、ほかのアプリを利用したり、会議の進行と同時に作業したりすることができます。

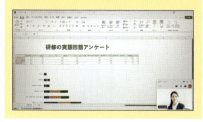

1 Teams会議の画面で － をクリックすると

2 ポップアップ画面で表示されます。

3 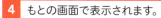 をクリックすると、

4 もとの画面で表示されます。

Section 33 特定のメンバーを大きく表示する

ここで学ぶこと
・スポットライト
・ピン留め

Teams会議では、主に発言しているメンバーを大きく映し出すように画面表示を変更できます。参加者全員の画面で適用できる「スポットライト」と自分の画面でのみ適用できる「ピン留め」があります。

1 スポットライトで特定のメンバーを大きく表示する

解説

スポットライト

スポットライトとは、参加者全員の画面でいっせいに特定のメンバーを常に大きく表示できる機能です。会議の参加者であれば誰でも、任意のメンバーをスポットライトに設定することができます。また、複数人にスポットライトを設定することもできます。

補足

スポットライトを解除する

スポットライトを解除する場合は、手順 4 の画面でスポットライトを設定している参加者の名前にマウスポインターを合わせて、… →[スポットライトを終了する]の順にクリックすると解除できます。

1 Teams会議の画面でスポットライトを設定したい参加者にマウスポインターを合わせて、…をクリックし、

2 [全員にスポットライトを設定]をクリックします。

3 [全員にスポットライトを設定]をクリックします。

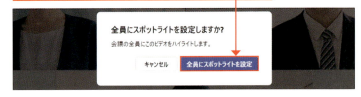

4 スポットライトが設定され、参加者全員の画面で大きく表示されます。

② ピン留めで特定のメンバーを大きく表示する

補足

参加者をミュートにする

手順 1 の画面で[参加者をミュート]をクリックすると、特定の参加者をミュートにできます。

1 Teams会議の画面でピン留めを設定したい参加者にマウスポインターを合わせて、をクリックし、

2 [自分用にピン留めする]をクリックします。

3 ピン留めが設定され、ピン留めした参加者が自分の画面でのみ大きく表示されます。

4 ピン留めを解除したいときは、ピン留めを設定した参加者の名前にマウスポインターを合わせて、をクリックし、

5 [固定表示を解除]をクリックします。

Section 34 Teams会議中にメッセージをやり取りする

ここで学ぶこと
・メッセージ
・返信
・リアクション

口頭だけでは伝えにくいときや、話し合いで上がったWebサイトのURLやファイル共有を行いたいときは、Teams会議のメッセージ機能を利用すると、参加者全員とやり取りできます。

① 会議中にメッセージを投稿する

> **ヒント**
> **ファイルを添付する**
> 手順2の画面で →[ファイルを添付]の順にクリックすると、ファイルを添付することができます。

1 Teams会議の画面で[チャット]をクリックすると、

2 画面右側に「会議チャット」画面が表示されます。メッセージを入力して、

絵文字やGIF画像、ステッカーなどを送れます。

3 ▷をクリック、または Enter を押します。

> **ショートカットキー**
> **メッセージを改行する**
> 「会議チャット」画面でメッセージを改行したいときは、 Shift + Enter を押します。 Enter を押してしまうと、そのまま送信されてしまうため、注意が必要です。

補足

メッセージに直接返信する

手順 6 の画面で、↵ をクリックすると、入力欄にそのメッセージが引用された状態でメッセージを送信できます。

補足

メッセージを受信すると通知される

Teams会議中にチャットでメッセージを受信すると、[チャット]のアイコンにドットが表示され、バナー通知を設定している場合は、パソコン画面の右下に通知が表示されます。

ヒント

ビデオ会議中にやり取りしたメッセージ

Teams会議中にやり取りしたメッセージは、メニューバーの「チャット」や「チーム」の各チャネルから確認できます。

---

4 メッセージが送信されます。

5 相手のメッセージにマウスポインターを合わせると、

6 メッセージにリアクションを付けることができます。

Section 35 パソコンの画面を共有する

ここで学ぶこと
- 画面共有
- コントロール
- 画面共有の停止

画面共有機能で、Teams会議参加者に自分のパソコンの画面を見てもらうことができます。パソコン上の操作の説明や同じ資料を見て話したいときに便利です。なお、画面の共有はデスクトップ版でのみ利用することができます。

1 パソコンの画面を共有する

補足
共有が可能な画面

共有が可能な画面は、画面全体、ウィンドウ、ホワイトボード(Sec.36参照)、PowerPoint Live(Sec.37参照)があります。画面全体では、通知やそのほかの画面も含め、パソコン画面に映るすべてのものが共有されます。ウィンドウでは、1つのウィンドウのみを共有するため、パソコン上で開いているほかの画面は共有されません。

1 Teams会議中の画面で［共有］をクリックすると、

2 「コンテンツを共有」メニューが表示されるので、［ウィンドウ］をクリックします。

ヒント
パソコンの音を共有する

手順 2 の画面で、「サウンドを含める」の ⬜ をクリックして 🔘 にすると、パソコン内の音声も共有することができます。映像を流すときなどはオンにしておくとよいでしょう。

コントロールを渡す

手順6の画面で、[コントロールを渡す]をクリックすると、「画面のコントロールを渡す」メニューが表示されます。検索欄で参加者を検索するか、表示されている候補から任意の参加者をクリックして選択します。ほかの参加者が、共有中の画面を操作できるよう設定することもできます。ほかの参加者による画面操作をやめさせたいときは、[戻る]をクリックします。

共有を停止する

手順7の操作でも画面の共有を停止できますが、手順5の画面で[共有停止]をクリックすることでも共有を終了できます。

3 共有したいウィンドウをクリックします。

4 画面が共有されます。

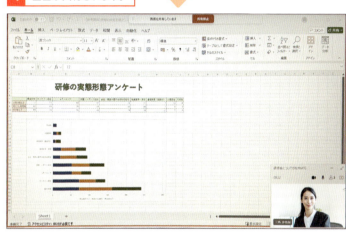

5 共有中は、画面上部にツールバーが表示されます。「画面を共有しています」にマウスポインターを合わせると、

6 ツールバーの詳細が表示されます。

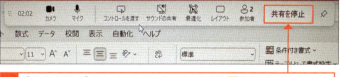

7 [共有を停止]をクリックすると、P.86手順1の画面に戻ります。

Section 36 ホワイトボードを利用する

ここで学ぶこと
・ホワイトボード
・ツールの種類

Teamsには、参加者が共有してテキスト入力や手描き入力などができるホワイトボードが用意されています。ホワイトボードは画面共有機能から利用します。会議中に書き込んだホワイトボードは画像として出力することもできます。

1 ホワイトボードを利用する

ホワイトボードの利用

ホワイトボードはデスクトップ版とブラウザー版のほか、モバイル版でも同様に共有したり、表示したりできます。また、共有を開始した参加者以外のメンバーも自由に書き込みすることができます。

1 Teams会議中の画面で［共有］をクリックし、

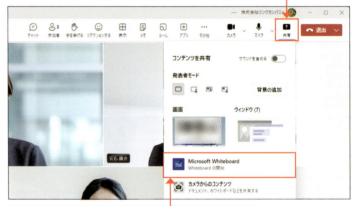

2 ［Microsoft Whiteboard］をクリックすると、

3 Microsoft Whiteboardが起動し、ホワイトボードが表示されます。

ホワイトボードは録画できない

会議を録画している場合、ホワイトボードの内容は録画されません。

解説

ツールの種類

ホワイトボードには、さまざまなツールが用意されています。パンは、ほかのツールを選択中でも Space を押すか、マウスホイールを動かすことで使用できます。「その他のオプション」では画像やドキュメント、リンクなどの追加ができます。

①	選択
②	パン（拡大／縮小）
③	手描き入力
④	付箋またはグリッドを追加をする
⑤	リアクションを追加
⑥	新しいコメント
⑦	テキストの追加
⑧	図形または線の追加
⑨	その他のオプション

補足

ホワイトボードを閉じる

「Microsoft Whiteboard」を閉じたいときは、画面上部の［共有を停止］をクリックすると、Teams会議の画面に戻ります。

---

4 T をクリックし、

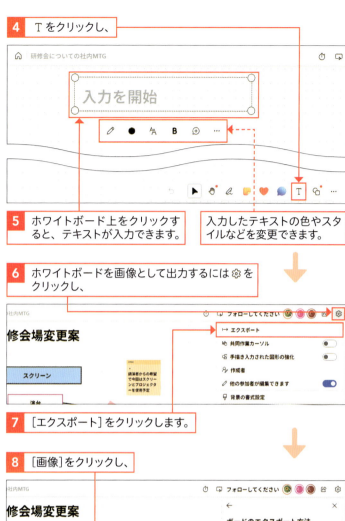

5 ホワイトボード上をクリックすると、テキストが入力できます。

入力したテキストの色やスタイルなどを変更できます。

6 ホワイトボードを画像として出力するには をクリックし、

7 ［エクスポート］をクリックします。

8 ［画像］をクリックし、

9 任意の画像サイズをクリックしてチェックを付け、

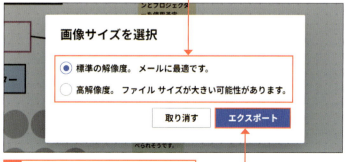

10 ［エクスポート］をクリックします。

Section 37 PowerPoint Liveでプレゼンテーションする

ここで学ぶこと
- PowerPoint Live
- プレゼンテーション
- ツールの種類

Teams会議中に、プレゼンテーションを相手に集中して見てもらいたいときに便利なのが、「PowerPoint Live」です。PowerPointのファイルを、Teams会議の画面上で開いてプレゼンテーションを行うことができます。

① PowerPoint Liveで発表する

補足
デスクトップ版Teamsからファイルを共有する

事前にチャネルのSharePointで表示したPowerPointのファイルがある場合、手順 の画面で「PowerPoint Live」に候補として表示されます。デスクトップ版Teamsから直接ファイルを参照し、共有することができます。

ヒント
PowerPointファイルから共有する

Teams会議中に、自分のパソコンで開いているPowerPointファイルの画面右上にある[Teamsでプレゼンテーション]をクリックすると、Teams会議画面に遷移し、「プレゼンテーションしようとしています」というポップアップが参加者の画面に表示されます。[プレゼンテーション]をクリックすると、P.91 手順6の画面が表示されます。

1 事前にPowerPointファイルを用意しておきます。

2 Teams会議中の画面で[共有]をクリックし、

3 [コンピューターを参照]をクリックします。

4 プレゼンテーションするPowerPointファイルをクリックして選択し、

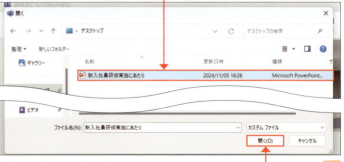

5 [開く]をクリックします。

解説

ツールの種類

PowerPoint Liveで使用できるツールは次のとおりです。

①	カーソル
②	レーザーポインター
③	ペン
④	蛍光ペン
⑤	消しゴム

補足

発表者ビュー

デフォルトでは、手順6の画面のように、ノートに入力しているテキストなど（発表者ビュー）が表示されますが、非表示にすることもできます。手順6の画面で →［発表者ビューを非表示］の順にクリックすると、下のような画面になります。なお、パソコンの画面が小さい場合ははじめから非表示になっています。

---

6 Teams会議の画面内でPowerPointファイルが開くので、プレゼンテーションを行います。

7 PowerPointファイルのノートにテキストを入力していると、合わせて表示されます。

8 スライドをクリックすると、

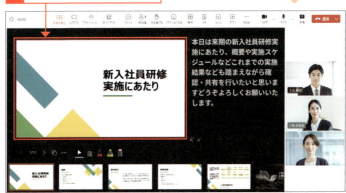

9 次のスライドに表示が変わります。

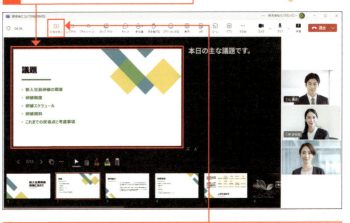

10 ［共有を停止］→［発表を停止］の順にクリックすると、PowerPoint Liveが終了し、Teams会議の画面に戻ります。

Section 38 アイコンを利用して意思表示をする

ここで学ぶこと
- アイコン
- 手を挙げる
- リアクション

Teams会議中に発言したいときや簡易的な多数決を取りたいときなど手を挙げるアイコンを利用するとよいでしょう。また、リアクションアイコンも用意されており、声を出さずに意思表示することができます。

1 会議中に手を挙げる

💡ヒント

参加者一覧で確認する

誰が挙手しているかを確認したいときは、手順 の画面で[参加者]をクリックします。Teams会議に参加している参加者の一覧が表示され、挙手している参加者にアイコンが表示されます。

✏️補足

リアクションする

手順 1 の画面で[リアクションする]をクリックすると、「いいね！」や「喝采」など5種類のアイコンが表示されます。クリックするとリアクションを送信でき、自分の画面が一定時間薄い白色になって、画面中央にリアクションアイコンが表示されます。

1 Teams会議中に[手を挙げる]をクリックすると、

2 挙手します。画面の左上に挙手アイコンが表示され、枠が黄色になります。

3 もう一度[手を挙げる]をクリックすると手を降ろせます。

4 ほかの人が手を挙げると、画面上に参加者の名前が表示されます。

第 5 章

チームを管理する

Section 39　チームを作成する
Section 40　チームの名前や種類を変更する
Section 41　チームのメンバーを追加する／削除する
Section 42　チームのメンバーの役割を変更する
Section 43　チームのメンバーのアクセス許可を設定する
Section 44　「組織」外のメンバーをゲストとしてチームに招待する
Section 45　「組織」外のチームにゲストとして参加する
Section 46　メンバーの投稿を制限する
Section 47　チームをアーカイブする
Section 48　Teamsのキャッシュをクリアする

Section 39 チームを作成する

ここで学ぶこと
・チームの作成
・チームの種類
・最初のチャネル

チームは「組織」のメンバーであれば、誰でも作成できます。また、新規で作成するほか、既存のチームをコピーしたり、グループ、テンプレートから作成したりすることもできます。チームを作成した人が、そのチームの所有者になります。

1 チームを作成する

所属しているチームやチャネルを確認する

手順 1 の画面で ••• →［あなたのチームとチャネル］の順にクリックすると、自分が所属しているチームやチャネルを一覧で確認することができます。

1 メニューバーの［チーム］をクリックし、

2 ＋をクリックします。

3 ［チームを作成］をクリックします。

補足

チーム作成のオプション

手順4の画面で[その他のチーム作成オプション]をクリックすると、「任意のスタイル」、「別のチームから」、「グループから」チームを作成できます。「任意のスタイル」では、ニーズやプロジェクトに応じて複数のテンプレートが用意されており、各テンプレートには必要なチャネルやアプリなどがあらかじめ備わっています。「別のチームから」と「グループから」では、所有者になっているTeamsのチームやMicrosoft 365のグループから作成できます。

解説

チームの種類

チームには、チームの所有者が許可したユーザーのみが参加できる「プライベート」、「組織」内のユーザーであれば誰でも参加できる「パブリック」、「組織」内のユーザー全員が参加している「組織全体」の3種類があります。手順6でチームの種類を設定するときに、以下の画面が表示されます。

4 「チームの作成」画面が表示されます。

5 チーム名や説明を入力して、

6 チームの種類を設定します。

7 最初のチャネル名を入力したら、

8 [作成]をクリックして、

9 [スキップ]をクリックします。

10 チームが作成されます。

Section 40 チームの名前や種類を変更する

ここで学ぶこと
・チームの名前
・チームの種類
・「設定」タブ

チームを作成した所有者は、チームの名前や種類を変更できます。部署名の変更があった場合でも、チーム名を変更して、そのまま利用できます。チームの種類には「プライベート」と「パブリック」、「組織全体」の3種類があります。

1 チーム名を変更する

補足　チームの「設定」タブ

チームの所有者の場合、手順 1 ～ P.97 手順 4 の操作で、「設定」タブにアクセスできます。それ以外のメンバーでは、「設定」タブが表示されません。

補足　「設定」タブでできること

チームの「設定」タブでは、チーム名や種類の変更のほか、チームのアイコン画像やメンバー、ゲストのアクセス許可（Sec.43参照）、@メンションを使用できるユーザーの指定などができます。

1 メニューバーの[チーム]をクリックし、

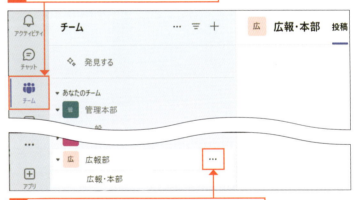

2 名前を変更したいチームの…をクリックします。

3 [チームを管理]をクリックします。

チームのアイコン画像を変更する

手順4の画面で、「チームの画像」にある[画像を変更]をクリックし、[アップロード]の順にクリックして、画像を選択したら[保存]をクリックします。なお、チームの画像を消したいときは、[削除]をクリックします。

4 [設定]をクリックし、

5 [編集]をクリックします。

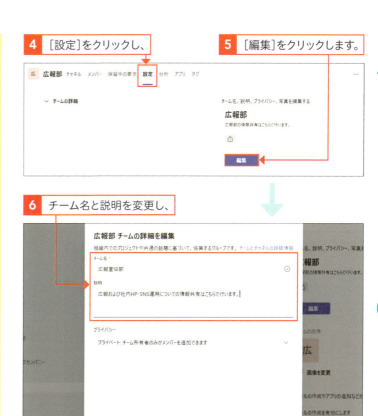

6 チーム名と説明を変更し、

7 [完了]をクリックします。

② チームの種類を変更する

補足 プライベートとパブリックの違い

プライベートのチームは、そのチームを作成した所有者の承認により参加ができる非公開制のチームです。チームに参加しているメンバー以外に表示されません。一方、パブリックのチームは「組織」のメンバーはチーム所有者の承認に関係なく誰でも参加できる公開制のチームです。

1 上の手順6の画面で、「プライバシー」のプルダウンメニューからチームの種類をクリックして選択し、

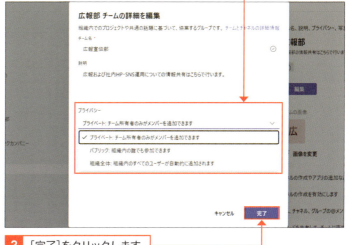

2 [完了]をクリックします。

Section 41 チームのメンバーを追加する／削除する

ここで学ぶこと
- チームのメンバー
- メンバーの管理
- 追加／削除

チームを作成した所有者は、チーム内のメンバーを管理できます。チームに「組織」のユーザーを追加したいときや、会社で退職者が出てメンバーを削除したいときなど、業務を進行する際にメンバー構成を確認して整理するとよいでしょう。

1 メンバーを追加する／削除する

補足
メンバーを追加するそのほかの方法

手順 3 の画面で［メンバーを追加］をクリックすると、P.99 手順 6 の画面が直接表示され、メンバーを追加することができます。

1 メニューバーの［チーム］をクリックし、

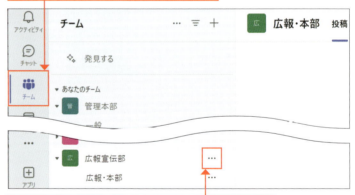

2 メンバーを管理したいチームの…をクリックして、

3 ［チームを管理］をクリックします。

ヒント
チームから脱退

所有しているチームから脱退する場合は、手順 3 の画面で［チームから脱退］をクリックします。なお、脱退時に所有者が自分1人の場合には、ほかのメンバーの役割を「所有者」に追加する必要があります。メンバーの役割の変更手順は、Sec.42 を参照してください。

補足

複数人を追加する

手順 4 〜 5 をくり返すことで、複数のメンバーをまとめて追加することもできます。

ヒント

ゲストの削除

ゲストの削除手順は、メンバーの削除方法と同様に、手順 9 〜 10 の操作を行います。また、削除の確認画面は表示されないので、誤って削除しないように注意しましょう。

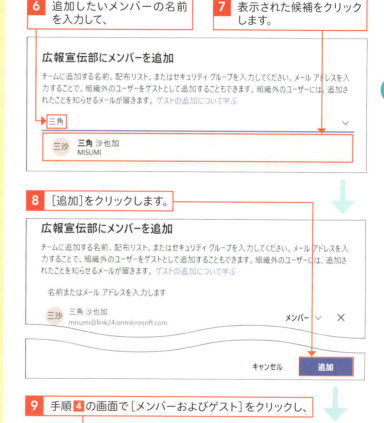

4 [メンバー]をクリックし、

5 [メンバーを追加]をクリックします。

6 追加したいメンバーの名前を入力して、

7 表示された候補をクリックします。

8 [追加]をクリックします。

9 手順 4 の画面で[メンバーおよびゲスト]をクリックし、

10 メンバーの×をクリックすると、メンバーを削除できます。

Section 42 チームのメンバーの役割を変更する

ここで学ぶこと
・メンバーの役割
・所有者
・メンバー

チームを作成した所有者は、メンバーの役割を変更できます。「所有者」か「メンバー」または「ゲスト」の役割があり、所有者であればチームの管理全般の設定を行えます。複数の所有者を設定しておくことで、チームの管理を円滑に行うことができます。

1 メンバーの役割を変更する

解説

所有者とメンバーの役割

所有者は、チームの削除、チームの名前や説明の編集、チームの設定、メンバーの追加／削除などを行えますが、メンバーにその権限はありません。ユーザーを新しく追加すると、最初は「メンバー」の役割で追加されます。

なお、チームの参加者であれば、チャネルの追加／削除やチャネルの名前や説明の編集、タブの追加などができます。「チーム」の参加者の種類と各役割でできることについてはSec.06を参照してください。

1 メニューバーの［チーム］をクリックし、
2 チームの…をクリックして、
3 ［チームを管理］をクリックします。

4 ［メンバー］をクリックし、
5 ［メンバーおよびゲスト］をクリックします。

ヒント

ゲストの役割

ゲストとしてチームに参加しているメンバーの役割は、変更することができません。

6 役割を変更したいメンバーの[メンバー]をクリックし、

7 [所有者]をクリックします。

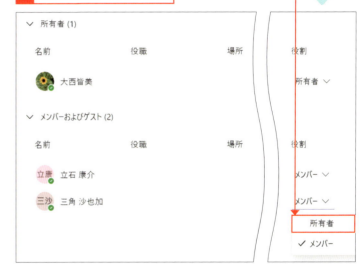

8 メンバーの役割が変更され、所有者と同じ機能を利用できるようになります。

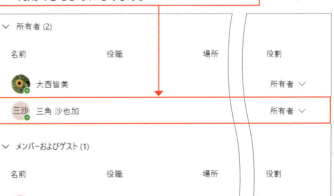

Section

43 チームのメンバーのアクセス許可を設定する

ここで学ぶこと

・アクセス許可
・メンバーのアクセス許可
・ゲストのアクセス許可

チームの所有者は、メンバーが行える操作を細かく変更できます。メンバーやゲストが新しくチャネルを作成できるかどうか許可したり、@メンションを使用できるユーザーを指定したりできます。また、ゲストのアクセス許可の設定もできます。

① メンバーの操作を不許可にする

📝 補足

メンバーのアクセス許可

チームの所有者がアクセス許可（権限）を管理できる操作は次のとおりです。

- チャネルの作成と更新（プライベートチャネルの作成も含む）
- チャネルの削除と復元
- アプリの追加と削除
- カスタムアプリのアップロード
- タブの作成と更新、削除
- コネクタの作成と更新、削除
- タグの作成と編集、削除
- 自分のメッセージの削除と編集

💡 ヒント

チームの管理画面

手順 の画面では、「チャネル」のほか、「設定」や「分析」、「アプリ」、「タグ」のタブにアクセスできます。各タブに関する管理を一括で行いたい場合は、タブを切り替えることで設定画面を表示できます。

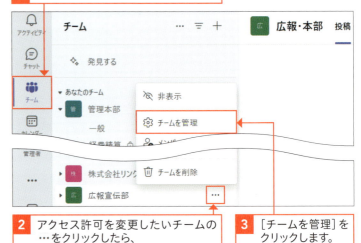

1 メニューバーの[チーム]をクリックし、

2 アクセス許可を変更したいチームの…をクリックしたら、

3 [チームを管理]をクリックします。

4 [設定]をクリックします。

補足

ゲストのアクセス許可

ゲストには、チャネルの作成の許可／不許可を設定できます。デフォルトでは、不許可になっています。手順 5 の画面で、[ゲストのアクセス許可]をクリックして、設定を行います。

1 [ゲストのアクセス許可]をクリックします。

2 許可する項目をクリックしてチェックを付けます。

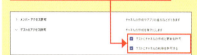

43 チームのメンバーのアクセス許可を設定する

5 [メンバーアクセス許可]をクリックします。

6 メンバーのアクセス許可の項目が表示されます。

7 メンバーの操作で不許可にしたい項目をクリックして、チェックを外します。

8 メンバーの操作が不許可になります。変更は自動で保存されます。

Section 44 「組織」外のメンバーをゲストとしてチームに招待する

ここで学ぶこと
- 「組織」外のメンバー
- メンバーの追加
- ゲストの招待

チームの所有者は、「組織」に所属していない外部の人をチームに招待し、ゲストとして参加させることができます。「組織」外の人と共同で業務を進行する必要がある場合にゲストとして招待します。ゲストは一部機能に制限があります。

1 ゲストを招待する

補足
ゲストで使える機能

メンバーとは異なり、ゲストとして追加された場合は、一部機能に制限があります。ゲストが使える機能については、Sec.06を参照してください。

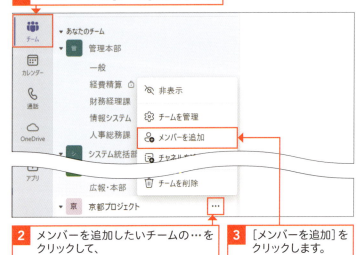

1 メニューバーの[チーム]をクリックし、
2 メンバーを追加したいチームの…をクリックして、
3 [メンバーを追加]をクリックします。
4 追加したいユーザーのメールアドレスを入力し、
5 [○○(メールアドレス)をゲストとして追加しますか?]をクリックします。

注意
ゲストの招待には管理者の設定が必要

チームにゲストを参加させるには、「組織」の管理者側で設定が必要です。デフォルトではゲストアクセスが有効になっていますが、ゲストを追加できない場合は、管理者に問い合わせてください。

補足

ゲストの招待後

ゲストが招待メールからチームに参加すると、P.104手順1の画面で[チームを管理]→[メンバー]→[メンバーおよびゲスト]の順にクリックすることでゲストの参加者を確認できます。なお、チームにゲストとして招待したあと、メンバーリストに表示されるようになるまでに数時間かかることがあります。

ヒント

送信されるメール

チームにゲストとして招待されると、以下のようなメールが指定されたメールアドレスに届きます。「組織」外のチームに参加する方法については、Sec.45を参照してください。

6 ゲストの名前を設定するには、[名前を追加]をクリックします。

7 名前を入力し、 **8** ✓をクリックします。

9 [追加]をクリックすると、メールが送信されます。

10 ×をクリックします。

Section 45 「組織」外のチームにゲストとして参加する

ここで学ぶこと
- 招待メール
- 「組織」外のチーム
- ゲストとして参加

「組織」外のチームから参加を招待されたら、招待メールからゲストとして参加しましょう。ゲストは、チャネルやチャット、Teams 会議への参加ができます。また、投稿したメッセージを編集したり、削除したりすることもできます。

1 ゲストとして参加する

⚠️ 注意
アカウントに使用されるメールアドレス

招待メールから Microsoft アカウントを作成する場合には、招待メールを受信したメールアドレスが使われます。このメールアドレス以外では、「組織」外のチームへの参加権限がないため、参加の際は注意してください。なお、いつも使っている「組織」のアカウントに切り替えたい場合は、P.32 の「応用技」を参照してください。

📝 補足
サインインするためのコード

Gmail などで招待された場合、手順 **1** のあとで「サインイン」画面が表示されます。[コードの送信] をクリックし、該当メールアドレスに届いたコードを確認・入力してサインインすると、手順 **2** 以降の画面が表示されます。

1 招待メールの [Open Microsoft Teams] をクリックし、

2 [承諾] をクリックします。

補足

ブラウザー版を利用する

手順 **4** の画面で、[代わりにWebアプリを使用]をクリックすると、ブラウザー版 Teams の画面が表示されます。

3 デスクトップ版、もしくはブラウザー版の利用選択画面が表示されます。

4 [今すぐ起動する]をクリックし、画面の指示に従って、招待メールのアドレスで Teams にサインインします。

5 招待されたチームにゲストとして参加できます。

Section 46 メンバーの投稿を制限する

ここで学ぶこと
- チャネルの投稿制限
- モデレーション
- モデレーター

Teamsのモデレーション機能を利用すると、メンバーの投稿を制限することができます。デフォルトでは、チャネルのメンバーであれば誰でも投稿や返信ができるようになっていますが、モデレーションをオンにすることで投稿を制限できます。

1 モデレーションをオンにする

解説
モデレーション

チャネルのモデレーションをオンにすると、チームの所有者と許可したメンバーだけが「モデレーター」となり、投稿することができます。

ヒント
チャネルの通知

手順1の画面で［チャネルの通知］をクリックすると、チャネル通知の設定ができます。「すべての新しい投稿」と「チャネルのメンション」で、「オフ」、「フィードにのみ表示」、「バナーとフィード」から設定できます。

1 メニューバーの［チーム］をクリックし、

2 投稿制限を設定したいチャネルの…をクリックしたら、

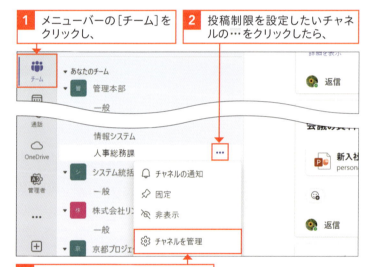

3 ［チャネルを管理］をクリックします。

4 「モデレート」にある「チャネルのモデレーション」のプルダウンメニューで［オン］をクリックして選択します。

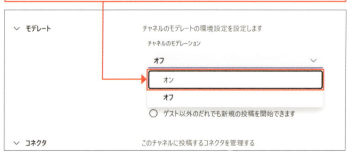

❷ モデレーターを追加する

ゲストの投稿を制限する

チャネルのモデレーションがオフになっているときは、誰でも投稿や返信を行うことができますが、ゲストだけ投稿できないよう制限することもできます。P.108手順 4 の画面で、モデレーションがオフになっていることを確認し、[ゲスト以外のだれでも新規の投稿を開始できます]をクリックしてチェックを付けます。

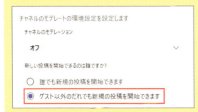

チームメンバーのアクセス許可

手順 1 の画面で「チームメンバーのアクセス許可」にある項目のチェックを外すと、モデレーター以外のメンバーがメッセージを返信したり、投稿をピン留めしたりするのを制限できます。

モデレーターを削除する

モデレーターを追加したあと、手順 1 の操作をくり返すと、手順 4 の画面(モデレーターの一覧)が表示されます。削除したいモデレーターの ✕ をクリックし、[完了]をクリックします。

1 P.108を参考にチャネルのモデレーションをオンにしたら、[管理]をクリックします。

2 モデレーターにしたいユーザーの名前を入力し、

3 表示された候補をクリックします。

4 [完了]をクリックします。

Section 47 チームをアーカイブする

ここで学ぶこと
・アーカイブ
・削除

不要になったチームはアーカイブしましょう。すべてのアクティビティを停止してチームを保存することができます。アーカイブするとチームリストに表示されなくなりますが、再度アクティブ化できるので、業務を整理したいときに活用できます。

1 チームをアーカイブする

チームを削除する

チームを削除したいときは、手順 4 の画面で［チームの削除］をクリックします。確認画面が表示されるので、［すべてが削除されることを理解しています］をクリックしてチェックを付け、［チームを削除］をクリックします。

チームをアクティブ化する

アーカイブしたチームを復元し、再度アクティブ化することができます。手順 1 〜 3 の操作後、アクティブ化したいチームの … をクリックし、［復元］をクリックします。

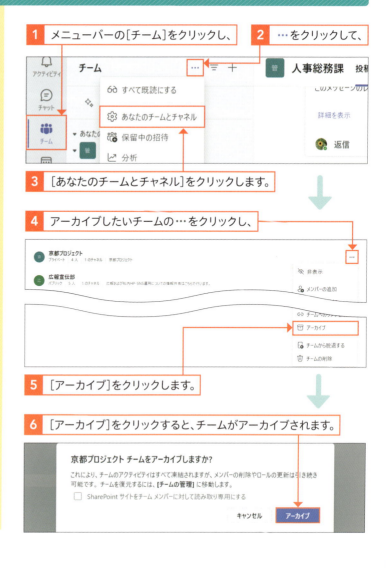

1 メニューバーの［チーム］をクリックし、
2 … をクリックして、
3 ［あなたのチームとチャネル］をクリックします。
4 アーカイブしたいチームの … をクリックし、
5 ［アーカイブ］をクリックします。
6 ［アーカイブ］をクリックすると、チームがアーカイブされます。

Section 48 | Teamsのキャッシュをクリアする

ここで学ぶこと
- Teams
- キャッシュクリア
- リセット

Teamsを利用しているときに不具合が発生した場合は、Teamsのキャッシュをクリアすると、解決することがあります。キャッシュクリアは、Teamsのデスクトップアプリをリセットするか、Teamsのキャッシュファイルを削除します。

1 キャッシュクリア（1）アプリをリセットする

📝 補足

デスクトップアプリの　キャッシュクリア

Windowsの「設定」アプリから、デスクトップ版Teamsを表示し、アプリのリセットを行うことでキャッシュをクリアすることができます。

💬 解説

スタートから探す

手順 **1** の画面で をクリックして「スタート」画面を表示し、[すべてのアプリ]をクリックすることでも「Microsoft Teams」アプリを探すことができます。アプリを見つけたら右クリックし、[詳細]→[アプリの設定]の順にクリックすると、P.112手順 **8** の画面が表示されます。

1 Windows画面下部にある検索欄に「設定」と入力します。

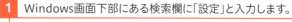

2 [設定]をクリックします。

3 [アプリ]をクリックし、

4 [インストールされているアプリ]をクリックします。

データもリセットされる

アプリをリセットすると、アプリデータが削除されます。構成した可能性のある個人用設定も含まれるので、リセットを行う場合は注意しましょう。

---

5 検索欄に「Microsoft Teams」と入力して検索し、

6 結果の一覧から「Microsoft Teams」の右にある…をクリックして、

7 ［詳細オプション］をクリックします。

8 「リセット」にある［リセット］をクリックし、

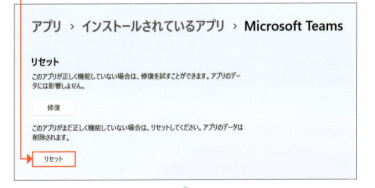

9 ［リセット］をクリックします。

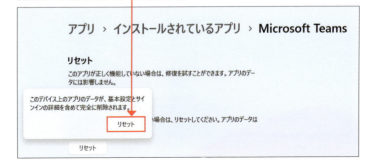

② キャッシュクリア（2）ファイルを削除する

Teams キャッシュファイルを手動でクリアする

Windowsで「ファイル名を指定して実行」のダイアログを表示し、コマンドを入力することでパソコン内のTeamsキャッシュファイルを一覧表示できます。不要なフォルダやファイルを手動で削除することでキャッシュクリアできます。

コンソールの入力

手順3の画面で入力するコンソールは、「https://learn.microsoft.com/ja-jp/microsoftteams/troubleshoot/teams-administration/clear-teams-cache」でコピーすることができます。

1 デスクトップ版Teamsを起動している場合は、終了しておきます。

2 ⊞＋Rを押して、「ファイル名を指定して実行」ダイアログを開きます。

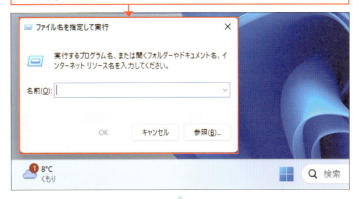

3 「名前」に「%userprofile%\appdata\local\Packages\MSTeams_8wekyb3d8bbwe\LocalCache\Microsoft\MSTeams」と入力し、

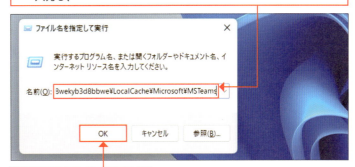

4 ［OK］をクリックします。

5 エクスプローラーが開くので、すべてのファイルとフォルダを削除します。

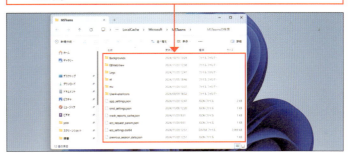

解説 Teamsで「組織」外の人とリモートで打ち合わせする

Teamsを使って「組織」外の人と打ち合わせしたい場合、まずは「チーム」での自分の役割を確認しましょう（Sec.06参照）。「所有者」の場合、チームにゲストを招待できるので（Sec.44、45参照）、必要に応じてチャネルを作成しておきます（Sec.10参照）。

所有者でなく「メンバー」の場合は、「組織」外の人と連絡する用のチームを新たに作成しておくとよいでしょう（Sec.39参照）。または、チームの所有者に頼んで、自分の役割を変更してもらいます（Sec.42参照）。

「組織」内外問わず、チャネルにメンバーが揃ったら、Web通話（Sec.26参照）やTeams会議（Sec.49、50参照）などを設定し、打ち合わせを行います。

1 自分の役割を確認し、自分が「所有者」のチーム、チャネルを準備します。

2 「組織」外の人をゲストとしてメールで招待したら、チャットまたはチャネルでWeb通話やTeams会議を設定して、打ち合わせを行います。

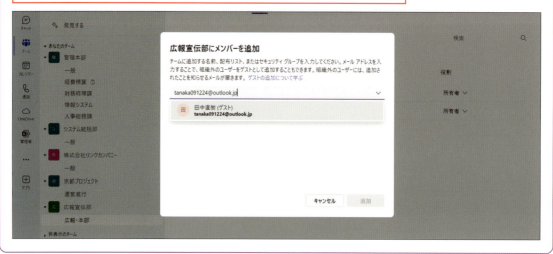

第 **6** 章

Teams会議を開催する

Section 49　Teams会議を予約する
Section 50　Teams会議をすぐに開催する
Section 51　「組織」外の人をTeams会議に招待する
Section 52　OutlookからTeams会議を予約する
Section 53　参加者の出欠状況を確認する
Section 54　参加者のマイクをミュートに切り替える
Section 55　Teams会議を録画する
Section 56　録画したTeams会議を視聴する
Section 57　会議中の発言を字幕で表示する
Section 58　Teams会議の議事録を作成する
Section 59　参加者の役割を変更する
Section 60　Teams会議を終了する

Section 49 Teams会議を予約する

ここで学ぶこと
- Teams会議の予約
- カレンダーから予約

Teams会議はチャネルのメンバーなら誰でも開催することができます。日時を決めて、メニューバーの「カレンダー」からTeams会議の開催を予約できます。予約したTeams会議は「カレンダー」に表示されます。

① Teams会議を予約する

> **補足 カレンダーから直接予約する**
>
> 手順 2 の画面で、カレンダー上の任意の時間枠をクリックすることでも手順 3 の画面が表示されます。その場合、開始日時と終了日時はあらかじめ設定されています。

1 メニューバーの[カレンダー]をクリックし、

2 [新しい会議]をクリックします。

3 会議名を入力し、

カレンダーの見方

デフォルトでは、カレンダーのビューは「稼働日」に設定されています。「日」、「週」、「議題」などのビューに変更もできます。P.116手順2の画面で[稼働日]をクリックし、表示されたメニューから任意のビューをクリックしてチェックを付けます。なお、稼働日はOutlookの「予定表」で設定できます。

カレンダーの月を変える

カレンダー上部に表示されている[○○○○年○○月]をクリックすると、カレンダーが表示されるので、＜ や ＞ をクリックすると、表示月や日を変更できます。

予定を変更する

Teams会議の予定を変更したい場合は、P.116手順2の画面を表示し、変更したい予定をクリックして、[編集]をクリックします。内容を変更したら[更新内容を送信]をクリックします。

4 日付をクリックして、

5 カレンダーから開催日をクリックして設定します。

6 をクリックし、

7 開始時刻をクリックして設定します。

8 手順4〜7を参考に終了日時を設定します。

9 [チャネルを追加]をクリックし、

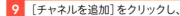

10 Teams会議を行うチャネルをクリックして設定して、

11 必要に応じて会議の内容を入力したら、

12 [送信]をクリックします。

Section 50 Teams会議をすぐに開催する

ここで学ぶこと
- 今すぐ会議
- ワークスペースから開催
- 参加のリクエスト

Teams会議はチャネルから開催します。チャネルのメンバーと今すぐTeams会議をしたいときに便利です。なお、参加者を追加するにはメールやチャットで会議のリンクを送ったり、参加をリクエストしたりする方法があります。

1 今すぐ会議を開く

補足
Teams会議の開催

社内であらかじめ決められている会議や外部との打ち合わせをセッティングする場合は「カレンダー」画面から、チャネルのメンバーだけで業務上必要に応じて会議を行いたい場合はチャネルから開催するといった使い分けが考えられます。なお、手順3の画面で □◁ の右にある ⌄ →[会議のスケジュール設定]の順にクリックすると、チャネルでのTeams会議を予約できます。

1 メニューバーの[チーム]をクリックし、

2 Teams会議を開くチャネルをクリックして、

3 ワークスペース右上の □◁ をクリックします。

4 [今すぐ参加]をクリックします。

メンバーを会議に招待する

手順5の画面で[参加者を追加]をクリックすると、Teams会議の画面右側に「参加者」画面が表示されます。追加したいメンバーの名前を入力するか、候補に表示されているメンバーにマウスポインターを合わせ、表示された[参加をリクエスト]をクリックします。

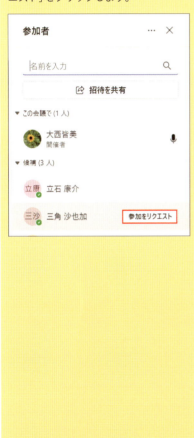

5 参加者を追加する方法を選択します。[会議のリンクをコピー]または[参加者を追加]をクリックします。

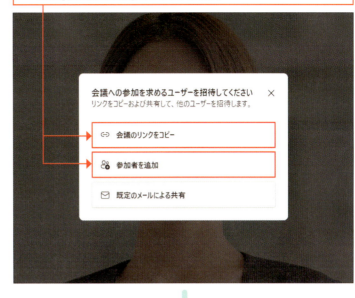

6 チャネルから開催すると、ワークスペースでもメンバー全員に通知が届きます。

 招待リンクで追加する

手順5で会議のリンクをコピーした場合は、メールやチャットに貼り付けて、Teams会議に追加したいメンバーに送信し、招待リンクをクリックして参加してもらいます。「組織」のほかのチームのユーザーや「組織」外の人もTeams会議に参加してもらいたいときに利用します。

Section 51 「組織」外の人をTeams会議に招待する

ここで学ぶこと
- Teams会議への招待
- 「組織」外
- 招待メール

「組織」外の人をTeams会議に招待することもできます。ここでは、Teams会議を予約するときに「組織」外の人のメールアドレスを追加し、招待メールを送信する方法を解説します。

1 招待メールを送信する

ヒント
会議中に招待メールを送信する

Teams会議中に招待メールを送信することもできます。P.119手順 5 の画面、または会議中画面で[参加者]→[招待を共有]の順にクリックし、[既定のメールによる共有]をクリックします。メール送信で使用するメールアプリ一覧が表示されるので、任意のアプリをクリックして選択します。

1 Sec.49を参考に、会議名や日時、会議の内容などを設定します。

2 [必須出席者を追加]の欄に参加者のメールアドレスを入力します。

3 「組織」外のメンバーのメールアドレスを入力したら、

4 表示された候補をクリックします。

5 「組織」外のメンバーが追加されます。

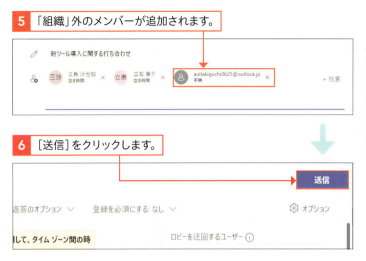

6 [送信]をクリックします。

② 招待メールから参加する

> **補足**
>
> **出欠確認をする**
>
> 招待メールには、P.120手順 1 で設定した会議名や日時、会議の内容などが記載されています。メールを受け取った人は、出欠確認を行うことができます。「このイベントの出欠確認」にある[承諾]、[仮の予定]、[辞退]からクリックして選択します。「開催者にメールを送信する」にチェックが付いていると、開催者に出欠がメールで通知されます。
>
>

1 招待メールを表示し、[今すぐ会議に参加する]をクリックします。

2 Webブラウザーが起動し、アプリを開くかどうかの確認画面が表示されるので、[開く]または[キャンセル]をクリックして画面の指示に従って会議に参加します。

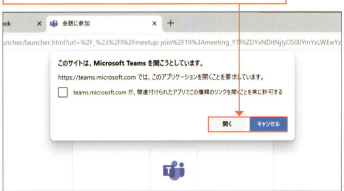

Section 52 OutlookからTeams会議を予約する

ここで学ぶこと
- Outlookから予約
- 稼働日

デスクトップ版の「Outlook」からも、Teams会議の予約が行えます。Teamsからの予約と同様に、会議名や日時、チャネルなどを設定できます。チャネルでのTeams会議の場合、予約した内容はワークスペースにも投稿されます。

① OutlookからTeams会議を予約する

ヒント

稼働日の設定

Teamsの「カレンダー」で表示される「稼働日」は、Outlookから設定できます。手順 **3** の画面で、[ファイル]→[オプション]の順にクリックし、[予定表]をクリックしたら、[勤務時間と場所]にある[勤務時間と場所]をクリックし、作業する曜日にクリックしてチェックを付け、それ以外の曜日はチェックを外しておきます。そのほか、稼働日の開始時刻と終了時刻などを設定して[Save]→[OK]の順にクリックします。また、作業を開始する最初の週の曜日や年の最初の週なども設定できます。

1 デスクトップ版の「Outlook」アプリを起動し、

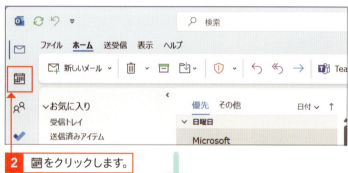

2 📅 をクリックします。

3 「Teams会議」の ∨ をクリックし、

4 [会議のスケジュール]をクリックします。

補足

参加者の追加

手順 5 の画面で、「必須」に会議に参加してほしいユーザーのメールアドレスを入力して追加することもできます。

補足

チャネルへの投稿

手順 12 のあと、Teamsの該当チャネルにも以下のように会議の予定が投稿されているのを確認できます。

5 「必須」に P.70 を参考にコピーしたチャネルのメールアドレスを張り付けて、

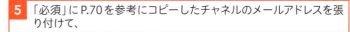

6 「タイトル」に会議名を入力し、

7 「開始時刻」の 📅 をクリックします。

8 会議を開催する日をクリックし、

9 右の時刻の ▼ をクリックして、

10 会議の開始時刻をプルダウンメニューから選択します。

11 手順 7 〜 9 を参考に「終了時刻」を設定し、

12 [送信]をクリックします。

Section 53 参加者の出欠状況を確認する

ここで学ぶこと
・出席状況
・出席者リスト

開催者は、会議に参加したメンバーの名前、参加時間などの記録をダウンロードして保存することができます。メンバーの参加予定と照らし合わせ、出欠を確認しましょう。

1 出席者リストをダウンロードする

> **補足**
> **出席者リストのファイル形式**
> 会議の出席者リストは、Excel形式のファイルでダウンロードされます。

1 Teams会議の画面で[参加者]をクリックし、

2 …をクリックして、

3 [出席者リストをダウンロード]をクリックすると、

> **補足**
> **ダウンロードは複数回可能**
> 会議の出席者リストは、会議中に複数回ダウンロードすることができます。ダウンロードを行う度に、別ファイルとして保存されます。

補足

タイムスタンプとは

タイムスタンプとは、出勤時や退勤時の時刻がタイムカードに印字されるしくみと同様です。会議の参加や退出の日時が表示されます。

エクスプローラーを起動する

エクスプローラーの起動方法は以下の2つがあります。
- タスクバーの ![アイコン] をクリックする

- キーボードの ⊞+E を押す

ヒント

Teams会議のレポートをダウンロードする

Teams会議後、開催者はワークスペースに投稿された該当Teams会議の[詳細を表示]→[出席]の順にクリックするとTeams会議のレポート(記録)を確認できます。レポートで、出席人数や開始時刻と終了時刻、会議の長さなどを見ることができるほか、参加者の入退室時間や役割などを確認できます。

---

4 ファイルがダウンロードされます。

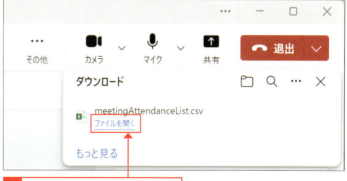

5 [ファイルを開く]をクリックし、

6 エクスプローラーの[ダウンロード]をクリックして、

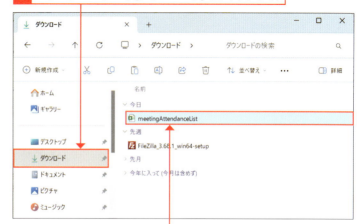

7 ファイルをダブルクリックすると、

8 出席者リストが表示されます。

Section 54 参加者のマイクをミュートに切り替える

ここで学ぶこと
・マイク
・ミュート
・ミュートの解除

会議の開催者は、参加者のメンバーのマイクをミュートに切り替えることができます。参加人数が多い場合や会議の形態、目的によって使い分けることで、音声が聞き取りやすくなります。

1 全員のメンバーのマイクをミュートにする

補足
ミュートの表示

全員のメンバーのマイクをミュートに切り替えると、手順2の画面で 🎤 が 🔇 に切り替わります。

1 Teams 会議の画面で [参加者] をクリックし、

2 [全員をミュート] をクリックして、

3 [ミュート] をクリックします。

補足
マイクをミュートにする

参加者は、自分でマイクをミュートにすることもできます（Sec.31参照）。ほかの誰かが発言しているときや、周囲の余計な音が聞こえないようにしたいときなどにミュートにしましょう。

② 特定のメンバーのマイクをミュートにする

ミュート設定時に表示されるメッセージ

会議の開催者が、マイクをミュートに設定した場合は、以下のようなメッセージが相手の画面上部に表示されます。

1 Teams会議の画面で[参加者]をクリックし、

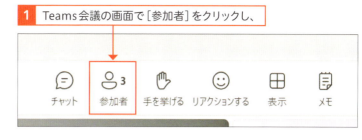

2 ミュートしたいメンバーの名前にマウスポインターを合わせ、

3 …をクリックして、

4 [参加者をミュート]をクリックします。

ミュートを解除する

ミュートにしたマイクは、開催者から解除できません。ミュートの解除は、参加者おのおのが行います。

Section 55 | Teams会議を録画する

ここで学ぶこと
- Teams会議の録画
- 録画の開始／停止
- レコーディング

開催者と発表者（P.136参照）は、Teams会議を録画（レコーディング）することができます。録画を終了すると、自動的にMicrosoftのクラウド（SharePointやOneDrive）に保存されます。

1 録画を開始する

⚠ 注意
録画されないコンテンツ

この機能で録画されるのは、音声通話もしくはビデオ通話画面のみです。ホワイトボード画面（Sec.36参照）や議事録作成画面（Sec.58参照）は録画されません。

✏ 補足
録画の通知

会議中に録画の開始と停止が行われると、録画を開始したユーザー以外の参加者には、以下のようなメッセージが画面上部に表示されます。

録画開始

○ レコーディングを開始しました。
大西皆美 によって開始されました。この会議に出席することにより、録画することに同意したものと見なされます。プライバシー ポリシー

録画停止

○ レコーディングを保存しています…
大西皆美 さんがレコーディングを停止しました。レコーディングへのリンクは、まもなく会議チャットに表示されます。詳細情報

1　Teams会議の画面で［その他］をクリックします。

2　［レコーディングと文字起こし］にマウスポインターを合わせ、

3　［レコーディングを開始］をクリックします。

4　始まると画面上部にアイコンが表示されます。

② 録画を停止する

 補足

録画の自動停止

録画を始めた参加者が会議から退席しても録画は続行されます。また、すべての参加者が退席した場合には、録画は自動的に停止します。万が一、参加者が退席し忘れた場合、録画開始から4時間後に停止します。

1 Teams会議の画面で[その他]をクリックします。

2 [レコーディングと文字起こし]にマウスポインターを合わせ、

3 [レコーディングを停止]をクリックします。

4 [停止]をクリックすると、

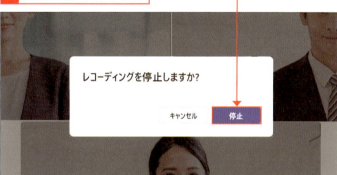

5 画面上部に録画停止のメッセージが表示されます。

 補足

録画データのサイズ

1時間の録画データのサイズは400MBです。長時間の会議を録画する場合は、録画停止後の処理に時間がかかることがあります。

Section 56

録画したTeams会議を視聴する

ここで学ぶこと
・録画の再生
・録画のダウンロード

Teams会議を録画すると、チャネルのTeams会議の投稿に返信としてメッセージが追加されます。メッセージに表示されている動画のサムネイルから録画を視聴することができます。

① 録画したTeams会議を再生する

補足 録画データの保存先

Teams会議をチャネルで開始した会議の録画は「SharePoint」に、チャットなどで開始した場合は「OneDrive」に保存されます。

1 Teams会議を開催したチャネルのワークスペースを表示し、[詳細を表示] をクリックします。

2 動画のサムネイルをクリックします。

ヒント

サインイン

手順 3 でWebブラウザーが起動した際、場合によってはMicrosoft 365アカウントへのサインインを求められる場合があります。画面の指示に従って操作し、サインインすると、手順 3 の画面が表示されます。

3 Webブラウザーが起動し、録画データが表示されます。

4 ▶をクリックすると、再生されます。

② 録画したTeams会議をダウンロードする

補足

パソコンでの保存先

パソコンにダウンロードした録画データは、エクスプローラーの「ダウンロード」フォルダに保存されています。

1 上の手順 3 の画面で … をクリックし、

2 [ダウンロード] → [ダウンロード] の順にクリックすると、

3 録画データがダウンロードされます。

Section 57 会議中の発言を字幕で表示する

ここで学ぶこと
- 字幕
- ライブキャプション
- トランスクリプト

Teams会議には、リアルタイムで字幕のみ表示できる「ライブキャプション」と、字幕を表示しながら音声の録音とテキストで文字起こしできる「トランスクリプト」があります。トランスクリプトを利用するには管理者の設定が必要です。

1 ライブキャプションを表示する

解説 ライブキャプションとトランスクリプト

「ライブキャプション」は、音声入力により、Teams会議中の会話をリアルタイムで字幕表示する機能です。一方、「トランスクリプト」は、会話内容が文字起こしされながら音声が録音されます。文字起こしされたデータは、録音停止後にテキストデータとしてダウンロードできます。

補足 キャプションの設定

手順4の画面で をクリックすると、「キャプションの設定」画面を表示できます。「言語」で字幕言語や音声言語の更新、「スタイル」でフォントの色や背景色、フォントサイズなどを設定できます。

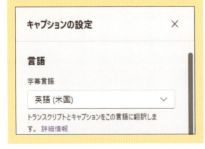

1. Teams会議の画面で[その他]をクリックし、
2. [言語と音声]にマウスポインターを合わせ、
3. [ライブキャプションを表示する]をクリックします。

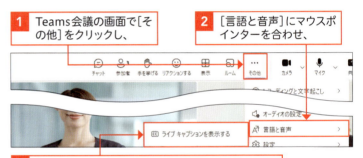

4. ライブキャプションが表示されます。

言語などの設定ができます。

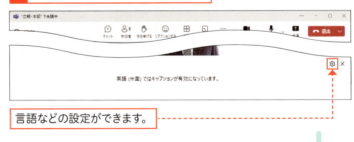

5. 話し始めると、リアルタイムで文字起こしされます。

② トランスクリプトを開始する

 注意

トランススクリプトの作成には管理者設定が必要

初期設定では、トランスクリプト機能は無効になっています。必要な場合は、「組織」の管理者に依頼して、有効にしてもらいましょう。

 補足

トランスクリプトを非表示にする

トランスクリプトを開始したあと、[その他]→[レコーディングと文字起こし]→[トランスクリプトを表示しない]の順にクリックするか、手順 6 の画面で × をクリックすると、トランスクリプトを非表示にできます。非表示の間も、文字起こしの記録は続いています。

 ヒント

トランスクリプトを停止する

[その他]→[レコーディングと文字起こし]→[文字起こしの停止]の順にクリックすると、文字起こしが停止されます。手順 1 ～ 3 を参考に、再開することもできます。

 補足

トランスクリプトデータをダウンロードする

Teams会議を開催したチャネルのワークスペースを表示し、[詳細を表示]クリックします。「トランスクリプト」の … をクリックし、ダウンロードするファイル形式をクリックして選択します。

---

1 Teams会議の画面で[その他]をクリックし、

2 [レコーディングと文字起こし]にマウスポインターを合わせ、

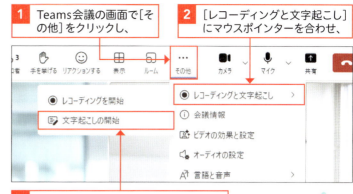

3 [文字起こしの開始]をクリックします。

4 言語についての確認画面が表示されるので音声言語を設定し、

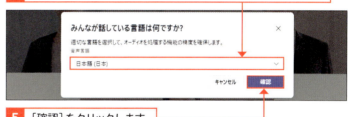

5 [確認]をクリックします。

6 トランスクリプトが開始されます。

7 話し始めると、リアルタイムで文字起こしされます。

Section 58　Teams会議の議事録を作成する

ここで学ぶこと
・会議ノートの作成
・会議ノートの閲覧
・議事録

Teams会議に「会議ノート」を設定すると、会議中にテキストを入力して議事録やメモを作ることができます。「会議ノート」は、ほかの参加メンバーと同時に入力することもでき、同じ「組織」のメンバーであれば、いつでも閲覧できます。

① 会議ノートを設定する

解説

会議ノート

Teams会議を予約する際に、「会議ノート」の情報を追加しておくと、会議中に「会議ノート」を表示し、議事録として利用できます。「会議ノート」には、「議題」のほか「会議のメモ」や「タスク」といった項目が用意されており、箇条書きで入力できるようになっています。なお、「組織」のユーザーであれば、「会議ノート」を共有できますが、ゲストや「組織」外の人は閲覧できません。

ヒント

既存のTeams会議に追加する

すでに予約しているTeams会議に「会議ノート」を追加したい場合は、「カレンダー」画面を表示し、該当のTeams会議をクリックし、[編集]をクリックします。[会議のメモを追加する]をクリックすると、手順③の画面が表示されます。

1　Sec.49を参考に、会議名や日時、会議の内容などを設定します。

2　[予定一覧を追加する]をクリックします。

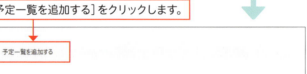

3　「会議ノート」が表示されます。「議題」、「会議のメモ」などを入力し、

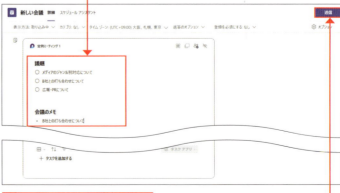

4　[送信]をクリックします。

❷ 会議ノートを作成する

 補足

会議ノートの保存場所

「会議ノート」は、Loopファイルとして、最初に会議ノートを作成したユーザーのOneDriveに保存されます。メニューバーの[OneDrive]→[マイファイル]→[会議]の順にクリックすると、ファイルを確認できます。共有しているほかのメンバーも、「OneDrive」画面から確認できます。

 ヒント

会議後に会議ノートを見る

「カレンダー」画面を表示し、該当のTeams会議→[編集]の順にクリックします。[詳細]または[まとめ]をクリックすると、「会議ノート」を閲覧できます。

 応用技

Teams会議でCopilotを利用する

Teams会議やWeb通話で、Copilotを使用し、項目やトピック別のさまざまな視点、未解決の質問などを記録できます。TeamsでCopilotを利用するには、別途「Microsoft 365 Copilot」のライセンスが必要です。

1 Teams会議の画面で[メモ]をクリックすると、会議ノートが表示されます。

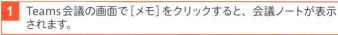

2 「会議のメモ」にマウスポインターを置いてクリックすると、

3 テキストを入力できます。

Section 59 参加者の役割を変更する

ここで学ぶこと
- 開催者
- 発表者
- 出席者

Teams会議の参加者には「開催者」、「発表者」、「出席者」の3種類の役割があります。初期設定では、開催者以外は「発表者」に設定されていますが、「出席者」に変更することで、一部の操作を制限できます。

1 会議の役割を変更する

補足 役割を変更できるメンバー

役割を変更できるメンバーは、会議の開催者と共同開催者のみです。

ヒント 「発表者」と「出席者」ができないこと

発表者にできないこと
- 会議オプションの変更
- ブレークアウトルームの管理
- ビデオ会議の終了

出席者にできないこと
- パソコン画面の共有
- 参加者のマイクをミュート
- 録画の開始と停止
- 参加者をロビーから入室させる

1 Teams会議の画面で、[参加者]をクリックし、

2 役割を変更したいメンバーの名前にマウスポインターを合わせ、

3 … をクリックします。

補足

役割を発表者に戻す

役割を「出席者」に変更したメンバーであっても、再度「発表者」に戻すことができます。P.136手順 1 〜 3 の操作を行い、手順 4 の画面で[発表者にする]をクリックすると、「出席者」から「発表者」に変更できます。

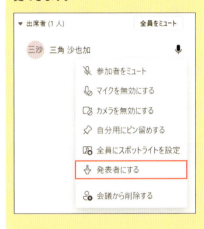

4 [出席者にする]をクリックし、

5 [変更]をクリックすると、

6 役割が変更されます。

Section 60 Teams会議を終了する

ここで学ぶこと
・Teams会議の終了
・退出
・開催者

Teams会議の終了は開催者が行います。退出しただけの場合は、ほかの参加者がそのままTeams会議を続けることができてしまいます。完全に終了させると、強制退出させることができます。

1 Teams会議を終了する

補足　開催者以外は「退出」

開催者以外の場合、手順1の画面で⌄は表示されず、[退出]のみ表示されます。

補足　チャネルで開催したTeams会議

チャネルで開催したTeams会議の場合は、終了後、ワークスペースにその旨が表示されます。[詳細を表示]をクリックすると、会議時間のほか、出席者リストや記録した録画データなどを確認できます。

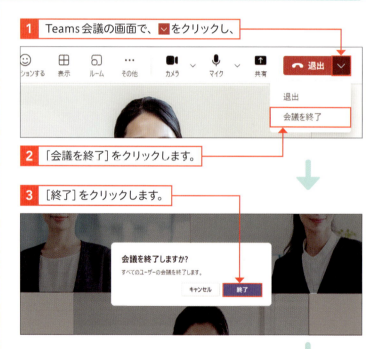

1 Teams会議の画面で、⌄をクリックし、

2 [会議を終了]をクリックします。

3 [終了]をクリックします。

4 Teams会議が終了します。

第7章

ファイルの共有と共同作業

Section 61　ファイルを共有する
Section 62　共有ファイルをダウンロードする
Section 63　共有ファイルのリンクを送る
Section 64　Teamsを利用していない人とファイルを共有する
Section 65　共有ファイルを削除する
Section 66　Officeファイルを共同編集する
Section 67　SharePointを利用する
Section 68　Edgeのタブを追加してWebページを見る
Section 69　Googleカレンダーと連携する
Section 70　連絡先を共有する
Section 71　Teamsとほかのアプリを連携する
Section 72　Plannerと連携する
Section 73　ほかのクラウドストレージサービスと連携する

Section 61 ファイルを共有する

ここで学ぶこと
- ファイルの共有
- ファイルのアップロード
- 「ファイル」タブ

チャネルには、メンバーでファイルを共有できるSharePointというスペースがあります。直接このスペースにファイルがアップロードできるほか、投稿のメッセージに添付されたファイルもSharePointに保存されます。

1 ファイルをアップロードする

フォルダをアップロードする

手順3の画面で[フォルダー]をクリックすると、ファイルと同様の操作でフォルダごとにアップロードできます。

補足
アップロードと添付の違い

チャネルの投稿にファイルを添付した場合でも「ファイル」タブにアップロードされますが、単にアップロードするのとは異なり、メッセージとしてチャネルのメンバーに周知できるという違いがあります。

ファイルを新規作成する

手順3の画面で[新規]をクリックすると、Teams内でファイルを新規作成することができます。なお、作成された文書はワークスペース内の「ファイル」タブに自動保存されます。

タブに新規フォルダを作成する

新規フォルダを作成することで、「ファイル」タブにアップロードされるファイルをフォルダごとにまとめて整理することができます。P.140手順 3 の画面で［新規］→［フォルダー］の順にクリックし、フォルダ名を入力したら［作成］をクリックします。

1 ［新規］をクリックし、

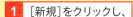

2 ［フォルダー］をクリックします。

3 フォルダ名を入力し、

4 ［作成］をクリックすると、

5 新規フォルダが作成されます。

補足

チャネルのファイルの保存先

チャネルに投稿したり、チャネルの「ファイル」タブにアップロードしたりしたファイルは「チーム」の「SharePoint」（Sec.67参照）に保存されます。

---

6 アップロードするファイルをクリックして選択し、

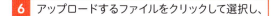

7 ［開く］をクリックすると、

8 ファイルのアップロードが始まります。

9 ファイルがアップロードされます。

10 ほかのメンバーも「ファイル」タブから確認することができます。

61 ファイルを共有する

7 ファイルの共有と共同作業

Section 62 共有ファイルをダウンロードする

ここで学ぶこと
- ファイルのダウンロード
- OneDriveからダウンロード

チャネルのほかのメンバーがSharePointにアップロードした共有ファイルは、ダウンロードして自分のパソコンに保存することができます。共有ファイルを直接編集するのを避けたい場合などに有効です。

1 ファイルをダウンロードする

ヒント
「OneDrive」からダウンロードする

チャネルのSharePointのほか、「OneDrive」からもファイルをダウンロードできます。メニューバーの[OneDrive]をクリックし、ダウンロードするファイルをクリックして選択します。･･･→[開く]→[Teamsで編集]の順にクリックしたら、ファイルが開くので、[ファイル]→[コピーを作成する]→[コピーのダウンロード]の順にクリックします。

1 P.140手順 **1** ～ **3** を参考に「ファイル」タブを開きます。

2 ダウンロードしたいファイルにマウスポインターを合わせ、表示される○をクリックしてチェックを付けます。

3 ･･･をクリックします。

補足

ダウンロードしたファイルを保存する場所を変更する

デフォルトでは、Teamsからダウンロードしたファイルは、エクスプローラーの「ダウンロード」フォルダに保存されます。保存場所を変えたい場合は、「設定」から行います。

1 …→[設定]の順にクリックします。

2 [ファイルとリンク]をクリックし、

3 「ダウンロード」の[変更]をクリックして、保存先のフォルダを指定します。

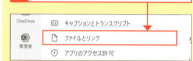

「ダウンロードしたファイルを保存する場所を常に確認する」の ● をクリックして ● にすると、ダウンロードする度に保存場所を選択できます。

4 [ダウンロード]をクリックします。

5 ファイルがダウンロードされます。

6 ダウンロードしたファイルは、エクスプローラーの「ダウンロード」フォルダで確認できます。

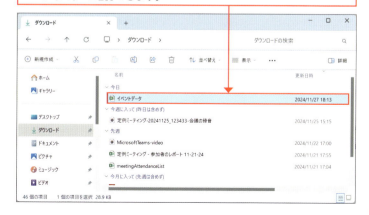

Section 63 共有ファイルのリンクを送る

ここで学ぶこと
- ファイルのリンク
- リンクのコピー
- リンクの設定

メッセージをやり取りしているときに、共有ファイルをほかのメンバーと一緒に参照したい場合は、リンクをメッセージで投稿します。ほかのメンバーは、リンクからすぐに目的のファイルを開くことができます。

1 ファイルのリンクを送信する

補足 リンクのコピーを取得する

手順 2 の画面で、アイコンをクリックし、[リンクのコピー]をクリックすることでも、ファイルのリンクを取得できます。

1 P.140手順 1 ～ 3 を参考に「ファイル」タブを開きます。

2 ダウンロードしたいファイルにマウスポインターを合わせ、表示される ○ をクリックしてチェックを付けます。

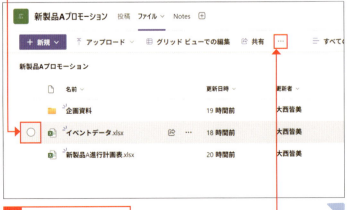

3 … をクリックします。

リンクの設定

手順5の画面で[設定]をクリックすると、「リンクの設定」画面が開き、共有リンクからファイルにアクセスできるユーザーを指定したり、編集権限や有効期限を設定できたりします。

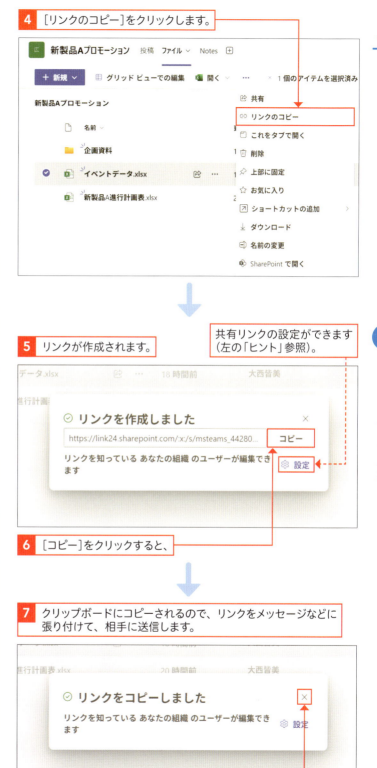

4 [リンクのコピー]をクリックします。

5 リンクが作成されます。

共有リンクの設定ができます（左の「ヒント」参照）。

6 [コピー]をクリックすると、

7 クリップボードにコピーされるので、リンクをメッセージなどに張り付けて、相手に送信します。

8 ×をクリックして閉じます。

Section 64 Teamsを利用していない人とファイルを共有する

ここで学ぶこと
・ファイルの共有
・ファイルのリンク
・選択したユーザー

Teamsを利用していない人とも、リンクをメールやチャットアプリで送信してファイルを共有することができます。リンクを受け取った人は、リンクにアクセスし、画面の指示に従ってサインインすると、ファイルを閲覧できます。

① Teamsを利用していない人とファイルを共有する

補足

選択したユーザー

手順3の画面で「選択したユーザー」を選択すると、「組織」内外で名前やグループ、またはメールアドレスを使用して、選択したユーザーをファイルを共有することができます。

1 Sec.63を参考に、リンクを取得します。

2 [設定]をクリックし、

3 「選択したユーザー」の○をクリックしてチェックを付けます。

補足

入力するメールアドレス

手順 4 の画面で入力するメールアドレスに、共有ファイルを開くときに必要なコードが送信されます。

ヒント

ファイルの編集権限や期限を設定する

手順 4 の画面で［編集可能］をクリックすると、ファイルの編集権限を設定できます。また、［有効期限を設定する］をクリックし、表示されたカレンダーから任意の年月日をクリックして選択すると、それがファイルの有効期限になります。

4 ファイルを共有する相手のメールアドレスを入力し、

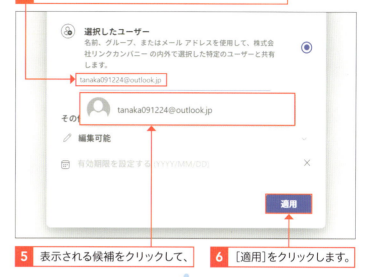

5 表示される候補をクリックして、 6 ［適用］をクリックします。

7 リンクの共有範囲が変更され、クリップボードにコピーされます。リンクをメールやチャットアプリなどに張り付けて、相手に送信します。

解説　リンクからファイルを開く

共有ファイルのリンクを受け取ったら、リンクを開き、リンクを受信したメールアドレスを入力して［次へ］をクリックします。「サインイン」画面が表示されるので、画面の指示に従って操作し、サインインします。［承諾］をクリックすると、Webブラウザー上で、ファイルが表示されます。チャットアプリでリンクを共有された場合は、リンクを開くと「（指定のメールアドレス）にサインインすれば、すぐにアクセス権を付与します。」と表示されるので、画面の指示に従い、指定のメールアドレスでサインインしてください。

Section 65 共有ファイルを削除する

ここで学ぶこと
・ファイルの削除
・ファイルの復元

誤ってアップロードしてしまったファイルや、使わなくなった共有ファイルはチャネルから削除しましょう。なお、削除したファイルは、一定期間内であれば復元することができます。

1 ファイルを削除する

📝 補足

削除できない場合

ほかのユーザーがファイルを表示している場合、「○○（ファイル名）の1個のアイテムが削除されませんでした」と表示されます。問題ない場合は、表示内の[削除]をクリックすると、ファイルを削除できます。

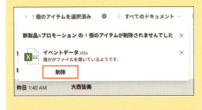

1 P.140手順 1 ～ 3 を参考に「ファイル」タブを開きます。

2 削除したいファイルにマウスポインターを合わせ、表示される○をクリックしてチェックを付けます。

3 …をクリックし、 4 [削除]をクリックして、

5 [削除]をクリックします。

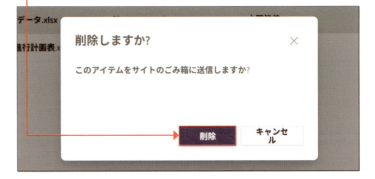

❷ 削除したファイルを復元する

> 📝 **補足**
>
> **復元できる期限**
>
> 削除したファイルは、「ごみ箱」フォルダに93日間保存されます。期間内であれば、削除したファイルの復元ができます。

1 P.140手順 **1** ～ **3** を参考に「ファイル」タブを開きます。

2 … をクリックして、　　**3** ［SharePointで開く］をクリックします。

4 Webブラウザーで「SharePoint Online」が開きます。

5 ［ごみ箱］をクリックして、

6 復元したいファイルにマウスポインターを合わせて○をクリックしてチェックを付け、　　**7** ［復元］をクリックします。

8 手順 **1** の画面に戻ると、ファイルが復元されています。

Section 66 Officeファイルを共同編集する

ここで学ぶこと
- 共同編集
- タブに追加
- 「ファイル」タブ

チャネルに共有されたExcelなどのOfficeファイルを、メンバーと共同編集することができます。なお、メンバーが過去にチャネルに投稿したり、アップロードしたりしたファイルは、「ファイル」タブから見ることができます（Sec.62参照）。

1 共有ファイルを編集する

ヒント
編集前の内容に戻す

ファイルの編集内容は自動保存されますが、画面上部の ⤺ をクリックすると、編集前の内容に戻すことができます。

補足
複数人のメンバーでファイルを同時編集する

ワークスペースで共有されたファイルは、複数人のメンバーで同時編集することができます。編集している箇所と編集メンバーの名前が表示されます。

補足
自動保存

ファイルの編集内容は、自動で保存されます。

1 チャネルのワークスペースで共有されているファイルをクリックすると、

2 ファイルが開いて、編集することができます。

3 編集が終了したら ✕ をクリックします。

② よく使うファイルをチャネルのタブに追加する

タブを削除する

追加したファイルのタブを削除したい場合は、手順 3 の画面で ∨ →［削除］→［削除］の順にクリックします。

タブの名前を変更する

追加したファイルのタブの名前を変更したい場合は、手順 3 の画面で ∨ →［名前の変更］の順にクリックします。名前を入力したら、［保存］をクリックします。

ファイルを新しいウィンドウで開く

手順 3 の画面で、［タブを新しいウィンドウで開く］をクリックすると、Teams 上で新しく別のウィンドウが開いてファイルが表示されます。

1 チャネルのワークスペースで共有されているファイルの…をクリックし、

2 ［これをタブにする］をクリックすると、

3 タブにファイルが追加されます。

4 タブ内でファイルが開いて、編集することができます。

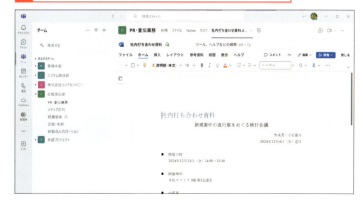

③「ファイル」タブからファイルを選択して編集する

> 💡 **ヒント**
>
> **「ファイル」タブから アプリで開く**
>
> 手順 2 の画面でファイルにマウスポインターを合わせ、•••→［開く］→［アプリで開く］の順にクリックするとOfficeアプリが起動し、編集できます。編集内容は自動保存されます。
>
>

1 ファイルが共有されているチャネルのワークスペース上部にある［ファイル］をクリックし、

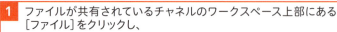

2 編集したいファイルをクリックすると、

3 ファイルが開いて、編集することができます。

4 編集が終了したら✕をクリックします。

> ✏️ **補足**
>
> **更新者情報**
>
> ファイルが編集されると、手順 2 の画面で「更新者」欄に最終更新者の名前が表示されます。

④ ファイルをダウンロードする

ファイルのリンクを取得する

手順2の画面で［リンクをコピー］をクリック、もしくはP.152手順2の画面でファイルにマウスポインターを合わせ、…→［リンクをコピー］→［コピー］の順にクリックすると、ファイルのリンクを取得することができます。

1 チャネルのワークスペースで共有されているファイルの…をクリックし、

2 ［ダウンロード］をクリックすると、

3 ファイルがダウンロードされます。

4 完了すると、エクスプローラーの「ダウンロード」に保存されます。

「投稿」タブからアプリで開く

手順2の画面で…→［次の方法で開く］→［○○（Office名）デスクトップアプリ］の順にクリックするとOfficeアプリが起動し、編集できます。編集内容は自動保存されます。

Section 67 SharePointを利用する

ここで学ぶこと
- SharePoint
- タブに追加
- SharePointから共有

SharePointとは、Microsoft 365で利用できるクラウドストレージサービスです。Teamsで共有されたファイルなどの保存場所として自動作成されたSharePointは、「組織」内や「組織」外の人と共有することができます。

1 SharePointとは

補足 SharePointが利用できるプラン

SharePointは、Microsoft 365の以下のプランに含まれています。また、「SharePoint（プラン1）」（月額749円税別、自動更新による年間契約）というSharePoint単体のプランもあります。

- Microsoft 365 Business Basic
- Microsoft 365 Business Standard

SharePointは、Microsoft 365で提供されているサービスの1つで、Web上でファイルや情報共有・管理ができるビジネス向けクラウドストレージサービスです。ファイルのアップロードや共同編集機能があるほか、構造化された情報を掲示版のように活用する機能や、その情報をもとにHTML化してWebサイトを構築する機能などさまざまな活用方法があります。

SharePointは、ファイルを共有するための「ドキュメントライブラリ」、ファイル以外の文字を共有するための「リスト」、そしてそれらの情報にすばやくアクセスするための「サイト」の3つの要素から成り立っています。

補足 SharePointとOneDriveの違い

SharePointもOneDriveもファイル共有や編集などで使われるツールですが、SharePointは複数のユーザーでの利用を対象にしているのに対し、OneDriveは個人間での利用を対象にしています。SharePointはポータルサイト作成、OneDriveはファイルオンデマンド機能など、利用できる機能にも違いがあります。

② SharePointから「組織」外のメンバーに共有する

補足

SharePointを「組織」外の人と共有するには

SharePointは、「組織」外の人とも共有できます。まず、Teamsのチャネルのワークスペースに SharePointのタブを追加します。それから SharePointのリンクを取得し、「組織」外の相手にメールやチャットアプリなどで送信します。

1 チャネルのワークスペースの ⊞ をクリックし、

2 ［すべて表示］をクリックします。

補足

SharePointサイトを リンクで指定する

手順4の画面で[任意のSharePointサイト]をクリックしてチェックを付けると、任意のSharePointページやリスト、ドキュメントライブラリへのURLを入力して追加できます。

3 [SharePoint]をクリックします。

4 追加するコンテンツ（ここでは[ドキュメントライブラリ]の[ドキュメント]）をクリックして選択し、

5 [保存]をクリックします。

補足

「ファイル」タブとの違い

Teamsのチャネルには、標準で「ファイル」タブがあります。ここにはワークスペースで共有されたファイルが保存されます。

6 タブが追加されます。

7 手順6の画面で共有したいフォルダにマウスポインターを合わせ、○をクリックしてチェックを付け、

8 …をクリックし、

9 [リンクのコピー]をクリックしたら、

10 Sec.64を参考にファイルを共有します。

タブを削除する

追加したタブを削除したい場合は、タブ名の横にある ∨ をクリックし、[削除] → [削除] の順にクリックします。

Section 68 Edgeのタブを追加してWebページを見る

ここで学ぶこと
- Website
- タブに追加
- Webページの表示

Webサイトのタブを追加すると、ブラウザーを起動することなくTeamsの画面内で開くことができます。Webサイトで情報を確認しながらメッセージのやり取りを行ったり、Webサイト画面を別ウィンドウで表示したりすることもできます。

1 「Website」タブを追加する

 「Website」が見当たらない場合

手順2の画面で[すべて表示]をクリックすると、より多くのアプリの候補が表示されます。その中に[Website]があればクリックします。

 タブはメンバー全員に追加される

チャネルにタブを追加すると、チャネルのほかのメンバーにも同様のタブが追加されます。

 チームやチャネルのタブ

チームやチャネルのタブには、あらかじめ「投稿」、「ファイル」、「Note」(プライベートチャネルの場合はなし)の3個のタブがデフォルトで設定されています。これらのタブ以外に、さまざまなアプリやURLで指定したWebページ、フォルダなどをタブとして追加でき、チャネルのメンバーとアプリを共有できます。

1. Webページを共有したいチャネルやチャットを開き、⊞をクリックし、
2. [Website]をクリックします。
3. タブ名とURLを入力し、
4. [保存]をクリックします。

❷ Teams利用中にWebページを表示する

 補足

URLを確認する

追加したWebページのタブにマウスポインターを合わせると、URLが表示されます。

1 追加したタブをクリックすると、

2 Microsoft Edgeが起動し、Webサイトが表示されます。

3 Teamsとは別のウィンドウでWebページが表示されるので、ウィンドウを並べて作業することもできます。

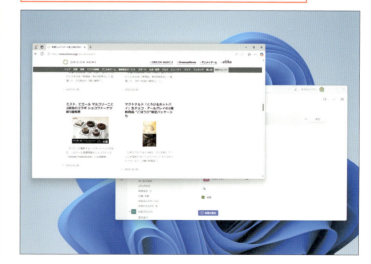

 補足

「Website」タブを削除する

手順**1**の画面で、削除したいタブの上で右クリックして[削除]をクリックすると、タブを削除できます。

Section 69 Googleカレンダーと連携する

ここで学ぶこと
- Googleカレンダーから予約
- アドオン

Googleカレンダーに Microsoft Teams 会議アドオンを追加することで、Googleカレンダーから Teams 会議の予約ができるようになります。Googleカレンダーで予約した会議のリンクを共有することもできます。

① GoogleカレンダーにTeamsアドオンをインストールする

解説

Teams会議アドオン

Teams会議アドオンをインストールすることで、GoogleカレンダーからTeams会議をスケジュールして参加・共有できるようになります。

補足

サイドパネルが表示されていない場合

手順①の画面でサイドパネルが表示されていない場合は、画面右下の をクリックすると表示されます。

補足

Googleアカウントの選択

手順②のあと、Googleアカウントの選択画面が表示されるので利用しているアカウントを選択します。

1 Googleカレンダーを開き、サイドパネルにある ＋ をクリックします。

2 「Google Workspace Marketplace」が表示されるので、Teamsを検索して、[インストール] をクリックし、画面の指示に従って進めます。

3 GoogleカレンダーのサイドパネルにTeamsアドオンが追加されているのを確認できます。

② GoogleカレンダーからTeams会議を予約する

補足

Teamsアドオンにサインインする

GoogleカレンダーからTeams会議を予約するには、Teamsアドオンに、組織のアカウントでサインインする必要があります。P.160手順3の画面で、■をクリックし、[サインイン]をクリックして、画面の指示に従ってサインインします。「Success!」と表示されれば、サインイン完了です。

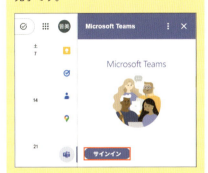

補足

招待リンクを共有する

手順6のあと、Googleカレンダー上で予定をクリックし、[リンクで招待]→[リンクをコピー]の順にクリックすると、Teams会議の招待リンクがクリップボードにコピーされます。メールやチャットなどに貼り付けて、参加してほしいメンバーに送信します。

1 Googleカレンダーを開き、会議の日をクリックして選択し、

2 会議のタイトルや時間などを設定します。

3 「Google Meetのビデオ会議を追加」の▼をクリックし、

4 [Microsoft Teams Meeting]をクリックします。

5 Teams会議が設定されます。

6 [保存]をクリックすると、カレンダーに追加できます。

Section 70 連絡先を共有する

ここで学ぶこと
- チャット
- 連絡先の共有
- プロファイルカード

Teamsの連絡先共有を利用して、連絡先情報（Microsoft 365のプロファイルカード）をほかのユーザーと共有できます。連絡先の共有は、1対1のチャット、およびグループチャット上で行います。

1 チャットで連絡先を共有する

📝 補足
Microsoft 365 プロファイルカード

チャットで連絡先を共有すると、Microsoft 365のプロファイルカードが共有されます。プロファイルカードは「連絡先カード」とも呼ばれます。

💡 ヒント
複数の連絡先を共有する

手順 4 の画面で、別のユーザー名を入力することで、複数の連絡先情報を共有できます。

📝 補足
連絡先リンク

手順 5 のあと、チャットの入力欄に以下のように連絡先リンクが追加されます。

---

1 メニューバーの [チャット] をクリックし、連絡先を共有するユーザー（またはグループチャット）をクリックします。

2 半角で「@」と入力し、 **3** [他のユーザーの連絡先情報を共有] をクリックします。

4 連絡先を共有するユーザーの名前を入力して指定し、 **5** [はい] をクリックすると、

6 ユーザーの連絡先リンクが入力されるので、▷をクリックして送信します。

Section 71 Teamsとほかのアプリを連携する

ここで学ぶこと
・アプリ連携
・タブに追加
・メニューバーに追加

Teamsにアプリを追加することで、ほかのアプリの機能を利用できるようになります。アプリ連携には、チャネルやチャットにタブとして追加する方法とメニューバーに追加する方法があります。

1 Teamsのアプリ連携

Teamsでアプリ連携するには、チャネルやチャットのタブに追加する方法とメニューバーに追加する方法があります。チャネルのタブに追加すると、チャネルのメンバー全員に同じアプリが連携されるので、タスクやWebページ、メモアプリの共有などがチャネル内でスムーズに行えるようになります。

一方、メニューバーに追加したアプリは自分のTeams画面にのみ表示されます。必要に応じて、外部のクラウドストレージサービスやWeb通話アプリなどと連携させておくことで、業務効率化を図ることができます。

タブに追加

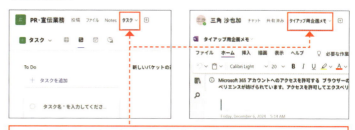

チャネルやチャットのタブにアプリを追加することで、チャネルのメンバーや特定の相手との共同作業をより円滑にすることができます。

メニューバーに追加

メニューバーに追加すると、自分だけのアプリとして各種サービスや機能を利用できます。使いやすいようにカスタマイズしてみるとよいでしょう。

❷ OneNoteと連携する

 補足

OneNoteのノートブックを新規作成して追加する

チャットやチャネルにMicrosoftのメモアプリ「OneNote」のノートブックを追加できます。なお、標準チャネルにはすでに「Note」タブとして追加されています。ここでは、チャットのタブにOneNoteを追加する方法を解説しています。

 ヒント

既存のノートブックを追加する

手順3の画面で、[新しいノートブックの作成]の下に表示されている既存のノートブックをクリックし、[保存]をクリックすると、既存のノートブックを追加できます。

1 OneNoteを共有したいチャットを開き、⊞をクリックします。

2 [OneNote]をクリックします。

3 [新しいノートブックの作成]をクリックします。

4 ノートブック名を入力し、

5 [保存]をクリックします。

③ Zoomと連携する

補足

ZoomとTeamsを連携するための条件

Zoomと連携するには、TeamsとZoomでそれぞれ以下の条件を満たしている必要があります。

- Teamsのアカウントを所持している
- Teamsのアカウントで管理者権限が設定されている
- ZoomでPro以上の有料プランを購入している
- ZoomアプリマーケットプレイスでTeamsとの統合が承認されている

ヒント

アプリをメニューバーにピン留めする

アプリを追加したあと、メニューバーに追加されたアプリはほかの画面に移動すると表示されなくなります。常に表示させておきたい場合は、メニューバーの …→アプリ名の順にクリックしてアプリ画面を表示し、メニューバーのアプリの上で右クリックして、[ピン留めする]をクリックします。

1 メニューバーの[アプリ]をクリックして、

2 検索欄に「Zoom」と入力して検索し、

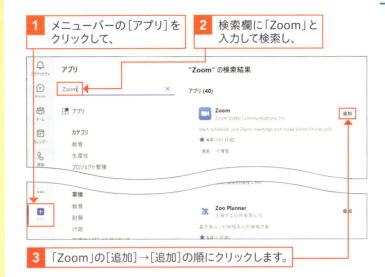

3 「Zoom」の[追加]→[追加]の順にクリックします。

▶ Zoom側で設定する

1 WebブラウザーでZoomにサインインし、

2 「管理者」の[詳細]→[アプリマーケットプレイス]の順にクリックします。

3 画面上部の検索欄で「Microsoft Teams」と入力して検索します。

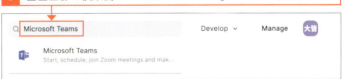

4 Microsoft Teamsを表示したら、[Add for Others]をクリックし、画面の指示に従ってZoomとTeamsを統合する設定を許可します。

Section 72

Plannerと連携する

ここで学ぶこと
- Planner
- タスクの共有
- タブに追加

Plannerとは、Microsoft 365で利用できるチームのタスク管理やプロジェクトの進捗状況の可視化などに役立てられるアプリです。チャネルのタブにPlannerを追加すると、メンバー同士でタスクを共有、管理できるようになります。

① Plannerでタスクを共有する

解説

Planner

Plannerは「プラン」>「バケット」>「タスク」>「チェックリスト」の順に構成されています。いちばん大きな分類がプランで、1チームにつき1つのプランを作成し、その中にタスクを追加できます。バケットは、プランの1つ下の階層で、タスクの種類を区別するためのカテゴリのような分類です。たとえば、「広報」、「経理」など担当部門や内容の種類で分けたり、「準備中」、「作業中」など進捗段階に応じて分けたりしてもよいでしょう。

補足

チャネルにPlannerを追加する

Teamsでは、チャネルに「Planner」を追加することで、各チャネルごとに業務のタスクを管理することができます。タスクに作業内容や担当者、期限を設定し、バケットで管理します。

1 チャネルのワークスペースの ⊞ をクリックし、

2 [Planner]をクリックします。

見当たらないときは、アプリ名を入力して検索できます。

3 [新しいプランの作成]にチェックが付いていることを確認し、

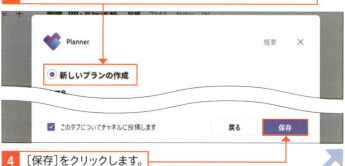

4 [保存]をクリックします。

補足

バケットを追加する

手順 5 の画面で［新しいバケットの追加］をクリックし、バケット名を入力して Enter を押すと追加できます。

担当者を複数人に設定する

手順 6 のあと、［割り当てる］をクリックすると担当者を設定できます。候補に表示される名前をクリックするか、名前またはメールアドレスを入力して指定します。このときに、上記の手順をくり返すことで、担当者を複数人に設定できます。

5 タスク管理画面が表示されます。

6 「To Do」の［タスクを追加］をクリックします。

7 タスク名、期限、担当者を設定し、

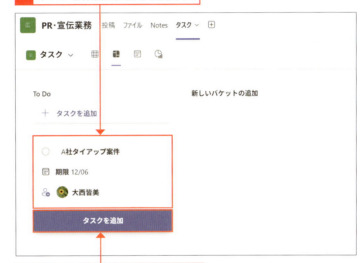

8 ［タスクを追加］をクリックすると、

9 タスクが作成されます。

10 タスクが完了したら、○をクリックします。

Section 73

ほかのクラウドストレージサービスと連携する

ここで学ぶこと
・クラウドストレージ
・アプリ連携
・メニューバーに追加

Teamsは「Dropbox」や「Box」などのクラウドストレージサービスとも連携できます。連携すると、Teamsから直接クラウドストレージ内のファイルを見たり、共有したりできるようになります。

① 外部クラウドストレージサービスと連携する

💡ヒント

アプリを管理する

手順 **1** の画面で[アプリを管理]をクリックすると、Teamsに追加しているアプリを一覧で確認できます。また、アプリ名の横にある ▶ をクリックし、🗑 →[削除]の順にクリックすると、アプリを削除できます。

1 メニューバーの[アプリ]をクリックして、

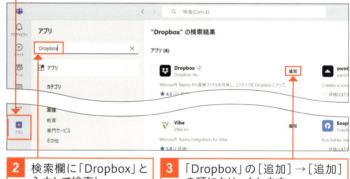

2 検索欄に「Dropbox」と入力して検索し、

3 「Dropbox」の[追加]→[追加]の順にクリックします。

4 アプリが追加され、メニューバーに表示されます。

5 [ログイン]をクリックして、Dropboxにログインします。

第8章

スマホやタブレットで利用する

- Section 74　モバイルアプリを利用する
- Section 75　モバイルアプリをインストールする
- Section 76　モバイルアプリの基本画面を確認する
- Section 77　通知の設定を行う
- Section 78　ステータスを設定する
- Section 79　メッセージを投稿する
- Section 80　ファイルを閲覧する
- Section 81　チャットから通話を開始する
- Section 82　Teams会議に参加する

Section 74 モバイルアプリを利用する

ここで学ぶこと
- モバイルアプリ
- VoIP通話
- サインイン

Teamsはパソコンのほか、iPhoneやAndroidスマートフォン、iPadやAndroidタブレットなどのモバイル端末でも利用できます。モバイルアプリをインストールすることで、緊急時に連絡を取ったり、移動中にチャットを確認したりできます。

1 モバイルアプリの特徴

補足

VoIP通話

TeamsのWeb通話を利用して、VoIP（ボイスオーバーIP）通話の発信と受信ができます。VoIPとは、電話での通話を、従来の電話網の代わりにインターネットを使用して実現するものです。VoIP通話を利用することで、インターネット環境さえあればどこでも通話できます。また、画面共有や通話レコーディングなど通常のWeb通話に比べて多彩な機能を兼ね備えている点も特徴です。なおVoIP通話は、パソコンやスマートフォン、タブレットなどいずれのデバイスでも利用できます。

https://www.microsoft.com/ja-jp/microsoft-teams/voip-voice-over-ip

Teamsモバイルアプリは、iPhoneやiPadで利用できるiOS版と、Android搭載のスマートフォンやタブレットで利用できるAndroid版の2種類があります。利用するには、iOS版は「App Store」アプリから、Android版は「Play ストア」アプリからインストールします（Sec.75参照）。また、それ以外にTeamsのWebサイトからダウンロードすることもできます。

モバイルアプリには、デスクトップ版Teamsと同じ機能があります。加えて、モバイル通信を利用して、Wi-Fi環境が整ってない場所でもTeamsにアクセスできます。移動中や外出先であっても通知を受け取ったり、チャネルの投稿を確認したりできます。

https://www.microsoft.com/ja-jp/microsoft-teams/download-app

② モバイルアプリの利用を始める

モバイルアプリのインストール

モバイルアプリのインストール方法について詳しくは、Sec.75を参照してください。

「Microsoft Authenticator」アプリ

「組織」が多要素認証を設定している場合、サインインする際にパスワードを入力後、スマートフォンかタブレットに入れた専用アプリ（「Microsoft Authenticator」アプリ）でサインインの要求が行われます。手順 5 の画面で、スマートフォンかタブレットで「Microsoft Authenticator」アプリを起動し、表示されている番号を入力して［サインイン］をタップすると、承認できます。

通知やマイクへのアクセスの許可

手順 5 のあと、デバイスによって通知の許可設定を求める画面や、マイクなど付近のデバイスへのアクセス許可設定の画面が表示されます。内容を確認しながら必要に応じて設定しましょう。

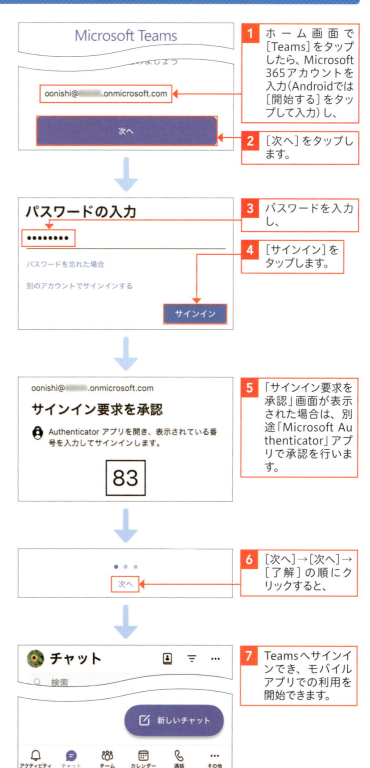

1 ホーム画面で［Teams］をタップしたら、Microsoft 365アカウントを入力(Androidでは［開始する］をタップして入力)し、

2 ［次へ］をタップします。

3 パスワードを入力し、

4 ［サインイン］をタップします。

5 「サインイン要求を承認」画面が表示された場合は、別途「Microsoft Authenticator」アプリで承認を行います。

6 ［次へ］→［次へ］→［了解］の順にクリックすると、

7 Teamsへサインインでき、モバイルアプリでの利用を開始できます。

Section 75 モバイルアプリをインストールする

ここで学ぶこと
・モバイルアプリのインストール
・iOS版
・Android版

Teamsモバイルアプリは、iOS版とAndroid版の2種類が無料で提供されています。iOS版とAndroid版には、機能に大きな差はありません。スマートフォンへインストールし、Microsoft 365アカウントでサインインします。

1 iPhoneにアプリをインストールする

> **ヒント**
> **iPhoneでアプリを起動する**
>
> インストールが完了したら、手順3の画面で[開く]をタップするか、ホーム画面で[Teams]をタップするとアプリを起動できます。
>
>

1 App StoreでTeamsモバイルアプリを検索して[Microsoft Teams]をタップします。

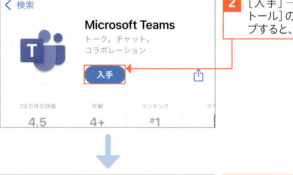

2 [入手]→[インストール]の順にタップすると、

3 インストールが始まります。

> **ヒント**
> **iPadでアプリをインストールする**
>
> iPadでアプリをインストールする場合は、iPhoneと同様にApp StoreでTeamsモバイルアプリを検索し、[入手]をタップすると、インストールが開始されます。

❷ Androidにアプリをインストールする

ヒント

Androidでアプリを起動する

インストールが完了したら、手順3の画面で[開く]をタップするか、ホーム画面で[Teams]をタップするとアプリを起動できます。

ヒント

デスクトップ版Teamsからアプリをインストールする

デスクトップ版Teamsを起動し、画面右上の…→[モバイルアプリをダウンロード]の順にクリックすると、「Teamsモバイルアプリを取得します」画面が表示されます。中央のQRコードを、手持ちのモバイル端末で読み取ると、アプリをインストールできます。

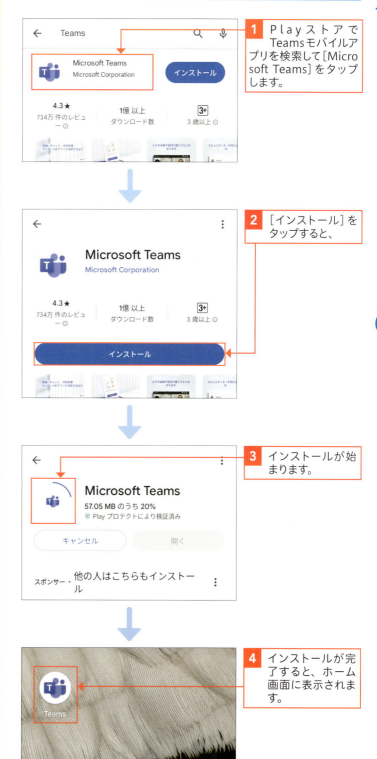

1 PlayストアでTeamsモバイルアプリを検索して[Microsoft Teams]をタップします。

2 [インストール]をタップすると、

3 インストールが始まります。

4 インストールが完了すると、ホーム画面に表示されます。

Section 76 モバイルアプリの基本画面を確認する

ここで学ぶこと
・モバイルアプリ
・画面構成

各画面について、構成やアイコンの機能を確認しましょう。iOS版とAndroid版に機能の差異はありませんが、画面構成は多少異なります。ここでは、iOS版の画面を解説します。

① Teamsの画面構成

補足

チャットの自分のスペース

「チャット」画面で、画面上部の中央にある自分のプロフィールアイコンをタップすると、自分だけのチャットスペースを表示できます。自分1人だけのスペースなので下書きに利用したり、チャット機能を試したりしたいときなどに使うことができます。

Teamsモバイルアプリにサインインすると、「チャット」画面が表示されます。

①	ステータスの変更、ステータスメッセージの設定、通知や各種設定、アカウントの追加などができます
②	フィルターを利用できます
③	すべて既読にできます（Androidでは⋮）
④	メンバーやメッセージ、ファイルなどを検索できます（Androidでは🔍）
⑤	自分専用のチャットを表示できます
⑥	最近のチャットを一覧で確認できます
⑦	新しいチャットを開始できます
⑧	新しいメッセージがある場合は、件数が表示されます

「その他」画面

[その他]をタップすると、アプリの追加や並べ替えができるほか、Teamsのファイルの場所をすぐに表示できます。

「カレンダー」画面から Teams会議に参加する

「カレンダー」（Androidでは「予定表」）画面を表示し、予定されているTeams会議をタップして、[参加]をタップすると、Teams会議にすぐ参加できます。

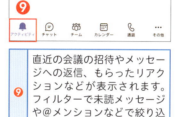

❾ 直近の会議の招待やメッセージへの返信、もらったリアクションなどが表示されます。フィルターで未読メッセージや@メンションなどで絞り込むこともできます

❿ チームやチャネルが表示され、投稿やファイルも確認できます。新規チームや新規チャネルの作成、既存チームの管理などもできます

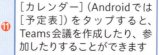

⓫ [カレンダー]（Androidでは[予定表]）をタップすると、Teams会議を作成したり、参加したりすることができます

⓬ Web通話（音声通話やビデオ通話）を発信したり、履歴を確認したりできます

76 モバイルアプリの基本画面を確認する

8 スマホやタブレットで利用する

Section 77 通知の設定を行う

ここで学ぶこと
- 通知設定
- 通知項目
- 通知切り替え

チャットやメッセージの受信時の通知設定、項目ごとの通知設定を変更することができます。ここでは、パソコンとスマートフォン両方で2重に通知を受け取らない設定と通知項目を変更する手順を解説します。

① デスクトップ版を起動していない場合のみ通知を受け取る

📝 補足
ほかのデバイスでも通知を受け取る場合

スマートフォンのほか、パソコンでも通知を受け取りたい場合は、手順 3 の画面で「他のデバイスでアクティブな場合」の ⚪️ をタップして ⚪️ にします。

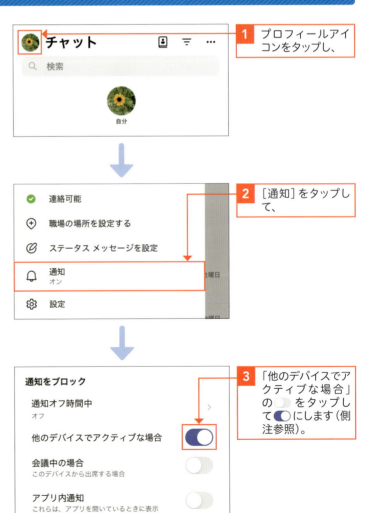

1 プロフィールアイコンをタップし、

2 [通知]をタップして、

3 「他のデバイスでアクティブな場合」の ⚪️ をタップして 🔵 にします(側注参照)。

② 通知項目を変更する

💡ヒント
通知のオフ時間を設定する

手順3の画面で「通知をブロック」にある[通知オフ時間中]をタップすると、通知をオフにする時間帯や曜日などを設定できます。

💡ヒント
会議中に通知をミュートにする

手順3の画面で「通知をブロック」にある「会議中の場合」の をタップして にすると、スマートフォンからTeams会議に参加中は通知をミュートにできます。

1 プロフィールアイコンをタップし、

2 [通知]をタップして、

3 [カスタム]をタップします。

4 をタップして にすると通知がオフになります。

177

Section 78 ステータスを設定する

ここで学ぶこと
- ステータス
- ステータスの変更
- ステータスメッセージ

ステータスを設定すると、自分のアイコンにステータスが表示されて、ほかのメンバーに状況を知らせることができます。また、「ステータスメッセージ」を利用すると、より詳細に自分の状況を知らせることができます。

1 ステータスを変更する

ヒント アカウントを追加する

手順 2 の画面で[アカウントの追加]をタップし、画面の指示に従って、別のMicrosoft 365 アカウントにサインインすると、アカウントを切り替えられるようになります。

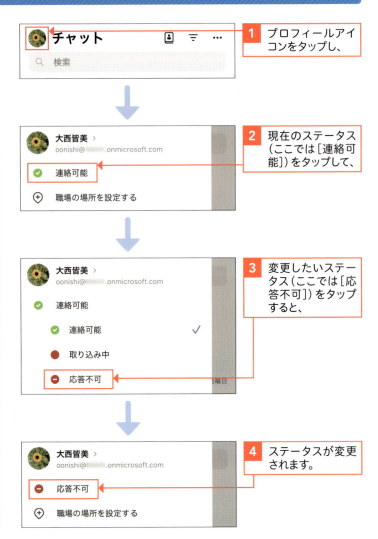

1. プロフィールアイコンをタップし、
2. 現在のステータス（ここでは[連絡可能]）をタップして、
3. 変更したいステータス（ここでは[応答不可]）をタップすると、
4. ステータスが変更されます。

❷ ステータスメッセージを設定する

勤務場所を設定する

手順❶の画面で［職場の場所を設定する］をタップすると、その日の勤務場所を「オフィス」、「リモート」から選択できます。選択はその日のみ適用され、設定後に勤務場所を消したいときは、［位置の消去］（Androidでは［勤務先の場所をクリアする］）をタップします。

表示する期間を設定する

手順❸の画面で［次の期間の後にクリア］（Androidでは［次の日時の後にクリア］）をタップし、クリアしたい期間をタップして選択すると、設定できます。

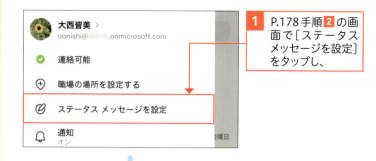

1 P.178手順❷の画面で［ステータスメッセージを設定］をタップし、

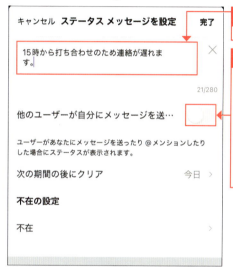

2 ステータスメッセージを入力し、

3 必要に応じて、「チャット」画面などにステータスメッセージを表示させたい場合は、「他のユーザーが自分にメッセージを送った場合に表示する」の　　　をタップします。

4 ［完了］（Androidでは✓）をタップします。

Section 79 メッセージを投稿する

ここで学ぶこと
・メッセージ
・投稿
・返信

モバイルアプリからもチャネルにメッセージを投稿することができます。また、デスクトップ版と同様に、絵文字でリアクションしたり、ファイルを添付したりできるほか、投稿したメッセージの修正や削除をすることもできます。

1 メッセージを投稿する

補足 すべてのチームを表示する

手順 2 の画面で [すべてのチームを表示] をタップすると、「チーム」画面の一覧に表示されていないチームも確認できます。また、チームの所有者であれば、チームの編集やメンバーの管理もできます。

ヒント 絵文字やGIF画像を投稿する

P.181手順 4 の画面で 😊 をタップすると、絵文字をメッセージに挿入したり、GIF画像を送信したりすることができます。

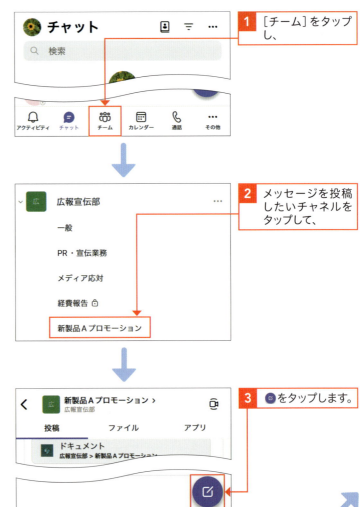

1 [チーム] をタップし、

2 メッセージを投稿したいチャネルをタップして、

3 ✎ をタップします。

画像やファイルを添付する

手順4の画面で をタップすると、スマートフォン内の画像を添付できます。また、 →［添付］の順にタップすると、スマートフォン内のファイルをアップロードできます。

メッセージに返信する

手順6の画面で［返信］をタップすると、テキストボックスが表示されるので、メッセージを入力して送信します。

リアクションを送信する

手順6の画面で表示されている をタップすると、リアクションを送信できます。

4 件名やメッセージを入力して、

5 ▶をタップすると、

6 メッセージが投稿されます。

7 …（Androidでは ⋮ ）をタップすると、

8 メッセージの編集や削除、リアクションの送信ができます。

Section 80 ファイルを閲覧する

ここで学ぶこと
・ファイル
・閲覧
・添付

チャネルに投稿された共有ファイルを、モバイルアプリから閲覧することができます。外出先からも見ることができるので、外でファイルを確認したくなったときに重宝します。

1 ファイルを閲覧する

ヒント

ファイルを編集する

WordやExcelなどのファイルを閲覧している場合、ファイルを閲覧している画面で 🖉 をタップすると、WordやExcelなどのOfficeアプリが起動し、ファイルを編集できます。編集した内容は自動保存されます。Androidでは、📄 のようにOfficceアプリのアイコンで表示されるので、タップすると該当のアプリが起動し、編集できます。なお、スマートフォンやタブレットにあらかじめOfficeアプリをインストールしておく必要があります。

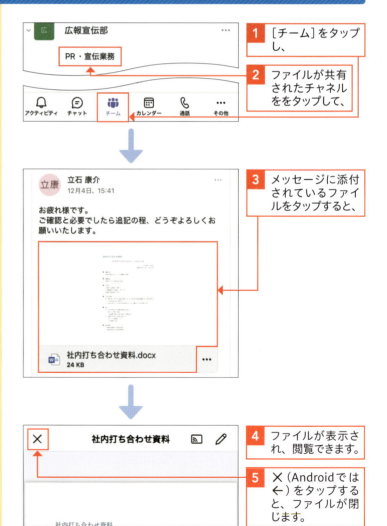

1. [チーム]をタップし、
2. ファイルが共有されたチャネルををタップして、
3. メッセージに添付されているファイルをタップすると、
4. ファイルが表示され、閲覧できます。
5. ✕（Androidでは←）をタップすると、ファイルが閉じます。

② 「ファイル」タブからファイルを閲覧する

ヒント

「ファイル」タブにファイルをアップロードする

手順2の画面で （Androidでは ⊕）をタップすると、スマートフォン内に保存してあるファイルをアップロードできます。また、新しいフォルダを作成することもできます。

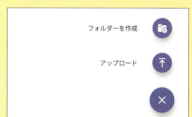

ヒント

ファイルをダウンロードする

手順3の画面で をタップし、["ファイル"に保存]をタップすると、スマートフォン内に保存することができます。Androidでは ⋮ →[ダウンロード]の順にタップします。

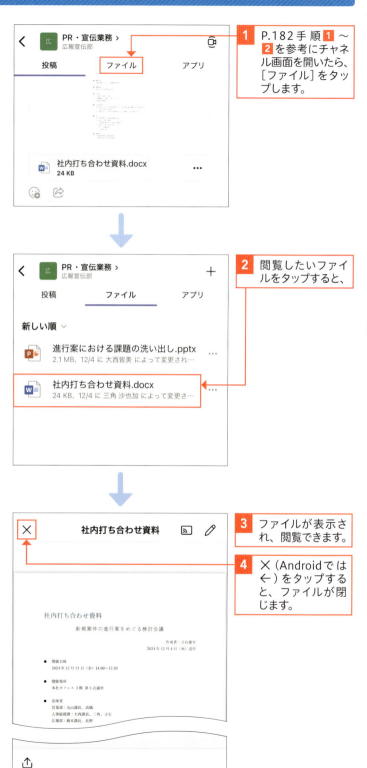

1. P.182手順1～2を参考にチャネル画面を開いたら、[ファイル]をタップします。

2. 閲覧したいファイルをタップすると、

3. ファイルが表示され、閲覧できます。

4. ×（Androidでは←）をタップすると、ファイルが閉じます。

Section 81 チャットから通話を開始する

ここで学ぶこと
・チャット
・グループチャット
・Web通話

個別のチャットやグループチャットを利用して、Web通話（音声通話やビデオ通話）を行うことができます。ビデオ通話中にチャットの画面を表示することもできるので、活用してみましょう。

1 個別のチャットから音声通話を発信する

> **ヒント**
> **ビデオ通話を発信する**
> 手順3の画面で をタップすると、ビデオ通話が発信されます。

> **補足**
> **ボイスメール**
> 発信相手がオフラインの場合や応答できない場合には、ボイスメールに接続されます。留守番電話のように音声が録音され、相手に送信されます。
>
>

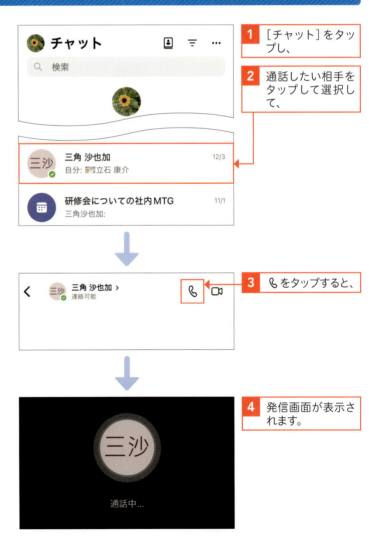

1 ［チャット］をタップし、

2 通話したい相手をタップして選択して、

3 をタップすると、

4 発信画面が表示されます。

② グループチャットからビデオ通話を発信する

ヒント

音声通話を発信する

手順3の画面で 📞 をタップすると、音声通話が発信されます。

1 ［チャット］をタップし、

2 通話したいグループをタップして選択して、

3 🎥をタップし、

4 ［通話］（Androidでは［発信］）をタップすると、

5 発信画面が表示されます。

Section 82 Teams会議に参加する

ここで学ぶこと
・Teams会議への参加
・画面構成
・背景

Teamsの招待URLをタップすることで、スマートフォンでTeams会議に参加することができます。画面構成はデスクトップ版と大きな違いはないため、スムーズに利用できます。また、会議中の背景を好きなものに設定することもできます。

① Teams会議に参加する

💡ヒント
背景をぼかす

手順②の画面で[ビデオオフ]をタップしてビデオをオンに切り替えたのち、画面左上の[背景の効果](Androidでは[背景の変更])をタップし、をタップすると、背景をぼかすことができます。

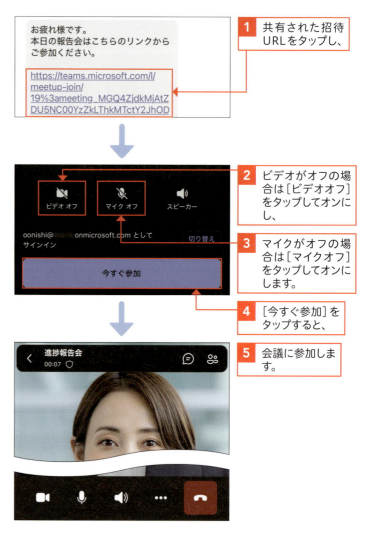

1 共有された招待URLをタップし、

2 ビデオがオフの場合は[ビデオオフ]をタップしてオンにし、

3 マイクがオフの場合は[マイクオフ]をタップしてオンにします。

4 [今すぐ参加]をタップすると、

5 会議に参加します。

❷ Teams会議の画面構成

📝 補足
Teams会議中の各種機能

•••をタップすると、会議のレコーディングや画面共有、「手を挙げる」などのリアクションができます。

💡 ヒント
会議中にTeamsのほかの画面を表示する

会議中に画面左上の く をタップすると、会議を終了することなく同時進行でTeamsのほかの画面を表示することができます。なお、画面に表示されているポップアップ画面をタップすると、会議画面を再度表示することができます。

❶	Teams会議に参加しているメンバーとチャットができます
❷	Teams会議に参加しているメンバーを確認したり、メンバーを招待したりすることができます
❸	カメラのオン・オフを切り替えることができます
❹	マイクのオン・オフを切り替えることができます
❺	スピーカーや音声のオン・オフを切り替えることができます
❻	Teams会議中の各種機能や画面表示の操作が行えます
❼	会議を終了します
❽	画面に表示されている相手の名前とマイクの状況を確認できます
❾	相手の画面に表示されている自分の画面を確認できます

③ 会議前に背景を設定する

> 💡 **ヒント**
>
> **背景用の画像を利用する**
>
> 手順2の画面で をタップすると、スマートフォン内に保存されている写真を背景用画像として利用することができます。

1. Teams会議開始前の画面で［背景の効果］（Androidでは［背景を変更］）をタップし、

2. 利用したい背景画像をタップして、

3. ［完了］（Androidでは）をタップします。

4. ［今すぐ参加］をタップします。

> 💡 **ヒント**
>
> **アウトカメラに切り替える**
>
> 手順4の画面で をタップすると、スマートフォンのカメラをインカメラからアウトカメラに切り替えることができます。

④ 会議中に背景を設定する

相手の画面

相手がパソコンからTeams会議に参加している場合は、以下の画面のようにパソコンのカメラサイズで表示されます。相手もスマートフォンから参加している場合は、縦長の画面で表示されます。

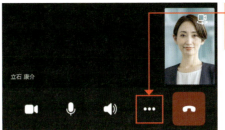

1 Teams会議の画面で⋯をタップし、

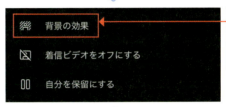

2 ［背景の効果］（Androidでは［背景を変更]）をタップし、

3 利用したい背景画像をタップして、

4 ［完了］（Androidでは✕）をタップします。

5 会議中に背景を設定できます。

索引

数字・英字

1対1のチャットでやり取り … 63
Edgeのタブを追加 … 158
Googleカレンダーと連携 … 160
Microsoft 365 Business Basic … 18
Microsoft 365 Business Standard … 18
Microsoft 365 Copilot … 20
Microsoft 365 Family版Teams … 19
Microsoft 365 Personal版Teams … 19
Microsoft Authenticator … 171
Microsoft Teams Essentials … 18
Microsoft Teams for Education … 19
Microsoft Whiteboard … 88
OneDrive … 30
OneNoteと連携 … 164
OutlookからTeams会議を予約 … 122
Plannerと連携 … 166
PowerPoint Live … 90
SharePoint … 154
SharePointからファイルを共有 … 155
Teams … 14
Teams会議から退出 … 75
Teams会議に参加 … 74, 175, 186
Teams会議の画面構成 … 73, 187
Teams会議の機能 … 72
Teams会議のメッセージ機能 … 84
Teams会議の予約 … 116
Teams会議の録画 … 128
Teams会議を終了 … 138
Teamsの画面構成 … 28
Teamsの招待メールを送信 … 104, 120
Web通話 … 69, 184
Zoomと連携 … 165

あ行

アクティビティ … 29
アナウンス … 60
アプリの管理 … 168
一般チャネル … 34
今すぐTeams会議を開く … 118
インストール … 26, 172

か行

会議ノート … 134
会議の役割 … 136
開催者 … 136
カメラのオン／オフ … 78, 187
カレンダー … 30
カレンダーからTeams会議に参加 … 74, 175
議事録 … 134
キャッシュクリア … 111
ギャラリー表示 … 80
共同編集 … 150
共有チャネル … 34
クラウドストレージサービス … 168
グループのチャットでやり取り … 64
ゲスト … 24
ゲストとして参加 … 106
ゲストの招待 … 104
コマンド … 59
コントロールを渡す … 87

さ行

サイト … 154
重要なメッセージ … 61
出席者 … 136
出席者リスト … 124
招待メールからTeams会議に参加 … 121
書式の設定 … 54
所有者 … 24
ステータス … 48
ステータスの変更 … 49, 178
ステータスメッセージの設定 … 179
スポットライト … 82
全員のマイクをミュート … 126
全画面表示 … 80
選択したユーザー … 146
組織 … 22
組織全体 … 95

た行

チーム … 23, 29
チームのアーカイブ … 110
チームの削除 … 110

チームの作成	94
チームの種類	95
チームの種類の変更	97
チームの並べ替え	51
チーム名の変更	96
チームリスト	23, 38
チャット	29
チャットの特徴	62
チャネル	23
チャネルのアーカイブ	52
チャネルの削除	52
チャネルの並べ替え	51
チャネルのピン留め	50
通知の設定	43, 176
通話	30
手を挙げる	92
ドキュメントライブラリ	154
特定のメンバーのマイクをミュート	127
特定のメンバーをピン留め	83
トランスクリプト	133

は行

背景の設定	76, 188
パソコン画面の共有	86
発表者	136
バナー	43
パブリック	95
標準チャネル	34
標準チャネルの作成	35
ファイルタブ	152, 183
ファイルのアップロード	140
ファイルの閲覧	182
ファイルの削除	148
ファイルのダウンロード	142, 153
ファイルの添付	56, 181
ファイルの復元	149
ファイルの編集	150, 182
ファイルの保存	57
ファイルのリンクを送信	144
ファイルをチャネルのタブに追加	151
フィード	43
フィルター	58
プライベート	95
プライベートチャネル	34
プライベートチャネルの作成	36

ブラウザー版の利用	27
プロフィール	31
プロフィールアイコンの変更	33
ぼかし	76, 186
ポップアップ画面	66, 81
ホワイトボード	88

ま行

マイクのオン／オフ	79, 187
無料版 Teams	19
メッセージに返信	42, 181
メッセージの検索	58
メッセージの削除	68
メッセージの投稿	41, 180
メッセージの編集	68
メンション	46
メンバー	24
メンバーのアクセス許可	102
メンバーの追加／削除	98
メンバーの投稿を制限	108
メンバーの役割	100
モデレーション	108
モデレーター	109
モバイルアプリ	170

ら行

ライブキャプション	132
リアクション	42, 92
リスト	154
リンクからファイルを開く	147
連絡先の共有	162
録画した会議の再生	130
録画した会議のダウンロード	131

わ行

ワークスペース	38
ワークスペースの画面構成	40
話者表示	80

■お問い合わせについて

本書に関するご質問については、本書に記載されている内容に関するもののみとさせていただきます。本書の内容と関係のないご質問につきましては、一切お答えできませんので、あらかじめご了承ください。また、電話でのご質問は受け付けておりませんので、必ずFAXか書面にて下記までお送りください。
なお、ご質問の際には、必ず以下の項目を明記していただきますようお願いいたします。

1 お名前
2 返信先の住所またはFAX番号
3 書名（今すぐ使えるかんたん Microsoft Teams［改訂新版］）
4 本書の該当ページ
5 ご使用のOSとソフトウェアのバージョン
6 ご質問内容

なお、お送りいただいたご質問には、できる限り迅速にお答えできるよう努力いたしておりますが、場合によってはお答えするまでに時間がかかることがあります。また、回答の期日をご指定なさっても、ご希望にお応えできるとは限りません。あらかじめご了承くださいますよう、お願いいたします。

■問い合わせ先

〒162-0846
東京都新宿区市谷左内町21-13
株式会社技術評論社　書籍編集部
「今すぐ使えるかんたん Microsoft Teams［改訂新版］」質問係
FAX番号　03-3513-6167
https://book.gihyo.jp/116

■お問い合わせの例

FAX

1 お名前
　技術　太郎
2 返信先の住所またはFAX番号
　03-XXXX-XXXX
3 書名
　今すぐ使えるかんたん
　Microsoft Teams［改訂新版］
4 本書の該当ページ
　128ページ
5 ご使用のOSとアプリのバージョン
　Windows 11
　Microsoft 365 Business Basic
6 ご質問内容
　手順3の画面が表示されない

※ご質問の際に記載いただきました個人情報は、回答後速やかに破棄させていただきます。

今すぐ使えるかんたん Microsoft Teams［改訂新版］

2021年　3月　6日　初　版　第1刷発行
2025年　3月　4日　第2版　第1刷発行
2025年　8月20日　第2版　第2刷発行

著　者●リンクアップ
発行者●片岡　巌
発行所●株式会社　技術評論社
　　　　東京都新宿区市谷左内町21-13
　　　　電話　03-3513-6150　販売促進部
　　　　　　　03-3513-6160　書籍編集部
装丁●田邉 恵里香
本文デザイン●ライラック
編集／DTP●リンクアップ
担当●荻原 祐二
製本／印刷●株式会社シナノ

定価はカバーに表示してあります。

落丁・乱丁がございましたら、弊社販売促進部までお送りください。交換いたします。
本書の一部または全部を著作権法の定める範囲を超え、無断で複写、複製、転載、テープ化、ファイルに落とすことを禁じます。

©2025　技術評論社

ISBN978-4-297-14702-0 C3055
Printed in Japan